# 平和のための軍事入門

早川敏弘

本の泉社

# はじめに

最初におことわりしておきますが、私は軍事問題の専門家ではありません。あるきっかけで軍事問題について調べはじめた私は、２０００年代になってから、軍事面で次々と新しいことが起こっていることを知りました。この事実を多くの方に知ってほしいと、ある季刊誌に小文を発表したことがきっかけになって本書を執筆することになりました。

いまの日本は、かつてないほど戦争をする国に近づいていると感じます。戦前の関東大震災、終わりのない不況、言論の弾圧や国民の保守化、排外的な世論など今の状況は、第二次世界大戦以前の出来事にそっくりです。本当に不気味なほどです。とくに憲法改正と防衛軍はかなりの現実味を帯びてきています。

この本の目的は、私たち市民が、軍事について考えるときの材料を提供することです。インターネット上では、「まとめサイト」があります。確かに一つ一つの出来事を時系列で並べると、ものすごくわかりやすくなることがあります。とくに日本に住み、子どもを持つ若いお父さん、お母さんたちとともに、考えていけたらと思います。もし、日本が次の戦争に巻き込まれるとき、最も影響を受けるのは、間違いなく、子どもたちとそのご両親・市民です。

第1章では、世界各国の募兵制度を概括しています。冷戦後、徴兵制度を廃止する国が相次ぐ一方で、徴兵制度、国民皆兵制度維持を決定する国もあります。冷戦終結後の世界の軍事政策の変化の背後にあるものを考えます。

第2章では、徴兵制度の合理性について考えます。アメリカの軍事学の研究では、「普通の人は人を殺せない」ことが判明しています。そして、ベトナム戦争以降、訓練されたプロの軍隊が必要とされたことや、軍事の新しいトレンドである無人化やサイバー部隊と徴兵制度がマッチしているかを考えます。

第3章では、社会を歪める徴兵制度について考えます。韓国では徴兵制度のため、大きな社会的ひずみが生じています。

第4章では、世界の軍隊における虐待・セクハラ・自殺問題を考えます。世界中で軍隊内のイジメやセクハラが問題になっており、日本の自衛隊も例外ではありません。

第5章では、現代の軍隊における女性への性的暴行をとりあげます。1990年代から2000年代にかけて、世界中の紛争で性的暴行が軍事的な手段として使われました。

第6章では、子ども兵の問題をとりあげます。洗脳されて戦争に利用される子ども兵を知ることで資源戦争の本質が見えてきます。

第7章では、アメリカの9・11事件以降の監視社会について考えます。アメリカは9・11テロ事件からのアフガニスタン戦争やイラク戦争で監視社会へと姿を変えました。それは軍事が社会に与える影響そのものであるからです。

第8章では、軍事国家の社会への影響として、アメリカのマンハッタン計画による核開発と、それによる「原子力帝国」化を考えます。現在、世界中に軍事優先の「原子力帝国」が拡がっています。

第9章では、軍事を中心とした政治経済体制と強まる監視社会の中で一個人ができることについて考えます。

２０１１年3月11日の東日本大震災、そして福島第一原発事故以降、日本と世界は急激に変化しています。そのなかで、未来の子どもたちのために、考えて行動しはじめた市民が増えています。この本が子どもたちのために、どのような未来をつくるのか、みなさまとともに考えていく一助になれば幸いです。

# 目次

# 第1章　各国の募兵制度・徴兵制度

## ■社会的統合の手段として利用される徴兵制度

世界の募兵制度・徴兵制度はどのようになっているのでしょうか。1989年の冷戦終結後、ヨーロッパ各国は1994年のベルギーを皮切りにオランダ（1996）、スペイン（2001）、イタリア（2004）、スウェーデン（2010）、ドイツ（2011）他、次々と徴兵制を廃止または停止する国が続きました。2014年にはアジアの台湾（中華民國）で徴兵制度が廃止されます。

一方で、永世中立国でありながら国民皆兵制度をとっているオーストリアとスイスは、これらの国と反対の意思を表明しています。オーストリアでは、2013年1月に国民皆兵制度を維持することに約6割の国民が賛成しました。スイスでも2013年9月に行われた国民投票で、徴兵制廃止の提案が否決されています。

オーストリアとスイスで国民皆兵制度維持が支持された理由が興味深いです。スイス男性は19～34歳の間、兵役の義務を負います。最初に集中訓練を受け、年に約20日間ずつ、警備などの任務や訓練に従事します。かなりの負担と思われますが、それでも支持される理由として、読売新聞は「ドイツ語・フランス語・イタリア語など多言語国家であるスイスにおいて、国民皆兵制度は国民を統合するのに役立つから」という意見が徴兵制支持の根拠の一つになったと報じています。

オーストリアの理由もこれに似ています。「国民を統合し、青年に社会奉仕の精神をうえつける」というのがオーストリア国民党の主張です。ですから、両国ともに純粋に軍事的目的から徴兵制を支持するというよりは、社会的統合という目的のために、という点が、かなり大きな要因であると思われます。

アメリカ軍で陸軍大将を務めたスタンリー・マクリスタルさんも、アメリカがふたたび長期の戦争をする場合には、徴兵制度を復活させるべきであると主張しています。マクリスタルさんは、『ローリング・ストーン』誌の記事でバイデン副大統領や他の政府高官を批判したためにアフガン駐留軍司令官から解任されましたが、アフガニスタンで自ら特殊部隊を指揮して劣勢を挽回し、また、軍人時代は約10kmのランニングを日課とし、食事は1日1食、睡眠時間も1日5時間という厳しい生活を送っていたことに軍での人望が厚く、解任されたにもかかわらず、彼のための特別式典がアメリカ軍によって行われています。

そんなマクリスタルさんがアメリカの志願兵制度を批判しています。「アメリカの予備役兵は何度も戦争で招集されるために家庭に問題をかかえ、自殺率も高いのに全く顧みられていない。アメリカ国民は兵士たちの苦しみや防衛問題を広くわかちあうために徴兵制度を復活すべきだ」というのです。はたしてこれは「トンデモない暴論」でしょうか。アメリカで徴兵制度が復活する可能性はほぼ無いと思いますが、私自身考えさせられました。マクリスタルさんに共感する人は決して少なくないと思います。

マレーシアでは、マハティール首相の肝いりで２００３年に国民奉仕制度が制定されました。これは、抽選で選ばれた男女が６ヶ月間の共同生活を送りながら社会奉仕活動に従事するというものです。多くの言語、宗教、文化、習慣が混在する多民族国家・マレーシアにおいて、「若者の精神を鍛えなおし」、「国民の団結をはかる」ことが目的です。軍人の訓練を目的としないという意味では異なりますが、「国民の団結を図る」ことを目的に、「国民に強制的に課せられる義務」という点では、徴兵制度と同じです。

日本でも徴兵制を支持する政治家はしばしば「青年に社会奉仕の精神をたたきこむ」「国民に防衛の意識をもってもらうため」と口にします。そもそも、徴兵制度は、プロの軍人ではなく素人を兵士として徴用するのですから、多大なコストがかかります。それでも徴兵制度を維持するのは、社会的統合を強めるのに有用であるからであって、必ずしも軍事的な合理性ではないのです。

## ■近代戦における女性兵士の台頭

世界の潮流で注目すべきは、この30年間における女性兵士の台頭です。２０１３年1月にアメリカ政府は女性兵士に特殊部隊を含むすべての戦闘任務開放を発表しましたが、これは決して例外的なことではありません。１９８５年のイスラエルとノルウェーに始まり、デンマーク（１９８８）、カナダ（２０００）、ニュージーランド（２００１）、オーストラリア（２０１１）でも同様の対応がとられています。徴兵制を採用しているノルウェーでは、男性だけでなく女性も徴兵することを決定し、２０１５年にはヨーロッパ初の女性を徴兵する国となります。イスラエルでは、女性も2年間の兵役義務を

装備を装着する米軍女性兵士
Megan Locke Simpson, Courier staff
U.S. Army, August 23, 2012

負っています。２００６年にカナダの女性兵士がアフガニスタンでタリバンとの戦闘中に戦死していますが、女性だからという理由で後方任務が与えられるのではなく、最前線で実際の戦闘任務にも配置されています。

女性兵士の歴史は古く、どの時代、どの地域にもその記録が見られますが、その増加が顕著になったのは第二次世界大戦以降のことです。近代戦における女性の戦闘能力を証明する事例には事欠きません。第二次世界大戦中、ソ連は戦闘機の乗組員や狙撃手として積極的に女性を戦闘に参加させました。その中には数百人のドイツ兵を殺害して伝説的狙撃手となった女性や二桁の戦闘機を撃墜した女性もいます。刀や槍の時代には、体格や筋力の差は兵士として大きな差となりましたが、狙撃手が引き金を絞るのに大きな力は必要ありません。技術の進歩につれて、武器は男女ともに扱えるものになり、男女間兵士の差を埋めていきました。

現在、このハイテク化の波は極限まで達しており、すでにロボットを使ったドローン戦争や戦闘機の遠隔操縦技術が可能となっています。また、戦争はリアルな空間だけでなく、サイバー空間にも広がっています。戦争のハイテク化については後述しますが、徴兵制度に少なからぬ影響を与えているのは否めません。

そして、男性と同じく、戦地に赴く女性兵士も戦争という異常事態から深刻な影響を受けています。アメリカでは、アフガニスタンやイラクに派遣された女性兵士が帰国後、心的外傷後ストレス障害（ＰＴＳＤ）からホームレスになったり、家族を虐待するといった問題が多数報告されています。イラク戦争では19万人の女性兵士がイラクに送られ、そのおよそ11％が母親と言われています。2万人以上の「母親兵士」が戦うという人類の歴史でも未曾有のことでした。母親兵士のなかには、イラク人少年を誤って射殺し、アメリカに帰国して家族とともにいても、子どもの顔を見るとイラク人少年のことを思い出して精神的に苦しんでいるという悲惨な事例も報告されています。

アメリカ軍では女性兵士の姿は普通に見られます。東日本大震災でも、女性兵士がヘリコプターの操縦で物資を運び、「イラクやアフガニスタンでも働いたが、日本で初めて人の役に立つことができた」と述べていたのが印象的でした。この女性兵士はこれまでイラクやアフガニスタンの上空を飛んでいたわけですが、撃墜されてたとえ死を免れたとしても、たいへん深刻な障害を負うことは間違いありません。軍の活動は危険極まる行為の連続です。私はアメリカ軍のリハビリ施設での治療記録や写真を見たことがあります。切断された手足や戦闘で破壊された身体や顔面、大火傷を負った顔などを見ることは、控えめに言っても衝撃的であり、感情的にも平静を保つのは難しい経験です。そして、文字通り体が破壊されてしまうのは男性も女性も同じです。

正直に言って、今、日本に暮らす一般の人々が、戦闘で破壊された顔や切断された手足を直視し、彼らが以前と変わらない社会生活を送れるようにふるまうとはとても思えません。現在、日本の自衛隊にもかなりの数の女性自衛官がいます。戦闘に加わるということは一生を左右することであり、社会全体が戦闘で死傷した人たちやその家族、友人たちの苦しみを内に抱えていかなければいけないのです。今、ゲームや写真集で自衛隊のイメージアップが盛んに図られています。「国防男子」「国防女子」として取り上げられる隊員のイメージに憧れ、入隊を希望したり、理想の結婚相手にあげる人が増えていると言われます。「作られた戦争のイメージ」に憧れる人たちは、自分や家族、友人が戦闘で心身が破壊されることに少しでも思い至らないのでしょうか。

また、女性兵士の増加に伴って、軍隊内の性的虐待件数も増加しています。これは後ほど詳しく取り上げていきますが、一概に女性が性的暴行の被害者になるのではないということも、問題を複雑化させています。イラクのアブグレイブ刑務所で、リンゼイ・イングランドという女性兵士がイラク人捕虜を性的虐待している衝撃的な写真が世界中にスクープされたことは覚えておられる方も多いと思います。このケースでは女性兵士が加害者となったわけです。

## ■各国の募兵制度

一口に募兵、徴兵と言っても各国で制度はさまざまに異なります。全体的な流れを把握するために、個々の制度を見ていきたいと思います。

### 《アジア》

#### 日本

日本は1873年（明治6年）に徴兵令が出されて、第二次世界大戦前は徴兵制度でした。日本の徴兵においては、多くの兵役逃れ、徴兵忌避の記録が残っています。よく知られているのは、夏目漱石が26歳で北海道民に転籍することで、徴兵忌避を行ったことです。当時は、北海道や琉球は実施までに時差があったので、転籍による徴兵逃れという手口が使えたのです。

家族や地域社会にとっても徴兵制度は3年も働き手を奪われる不幸であり、災難としてとらえられていました。故意に手斧で指を切断する、精神異常を偽装するなど、庶民の徴兵逃れの記録は壮絶です。世界各国で起こっている徴兵忌避が過去の日本でも起こっていたわけです。

当時は「家の跡継ぎ」は徴兵を逃れることができましたが、政治家や富裕層の徴兵逃れは当然のように行われていました。代人制度といって現在の540万円ほどに相当する270円という大金を支払うことのできるお金持ちは、徴兵に行かずにすみました。内務大臣も務めた鈴木喜三郎は、養子制度を利用した「徴兵養子」の手口を使って合法的に徴兵逃れをして「徴兵忌避を取り締まる内務大臣が徴兵忌避者」と揶揄されました。

1889年（明治22年）に徴兵令の大改正が行われ、国民皆兵の原則が確立されました。満17歳から40歳の男子に兵役が義務化され、徴兵忌避者には重禁固刑に加えて、優先的に徴兵されることになりました。その後、第二次世界大戦の敗戦に至るまで、徴兵令は何度も改正され、そのたびに徴兵逃れは難しくなりましたが、それでも1879年（明治30年）までに、徴兵逃れのため4万8557人が逃亡しています。毎年、5000人から6000人が逃亡していました。

合法的徴兵忌避の方法として、師範学校に入学し、教師になることがありました。6週間だけ兵役を行い、7年間教職につけば、兵役を免除されます。徴兵忌避のために師範学校に入って教師になったものは、当時の師範学校で軍国主義を学び、生徒には軍国主義教育をおこなうという皮肉なできごとが起こりました。

## 韓国

韓国には徴兵制度があります。韓国と北朝鮮は停戦中ですが、2010年にも北朝鮮が砲撃をして多数の死傷者を出した延坪島砲撃事件が起こるなど、緊張状態が続いています。

韓国の男性は、満18歳で徴兵検査対象者となり、満19歳までに検査で兵役の判定を受けます。合格した場合、30歳の誕生日を迎える前までに入隊しなくてはなりません。良心的徴兵忌避は認められていません。満20歳~28歳で、大学、大学院、師範研修院の在学者は、入隊時期を延期することもできます。配属先によって期間は異なりますが、おおむね2年間の徴兵期間となります。北朝鮮（朝鮮民主主義人民共和国）の兵役期間は10年と言われています。

## 中国

中国は志願兵制と徴兵制を併用しています。人民解放軍は志願兵制ですが、就職先として人気があり、志願兵だけで兵士の募集定員が埋まります。大学では軍事訓練が行われ、銃を撃つなどの基本的な訓練を受けます。

## 台湾

台湾は志願兵制度と徴兵制度があり、男性は18歳になったら徴兵検査を受けます。高校や大学卒業後に1年の兵役があります。２００９年に台湾国防大臣は徴兵制を全面撤廃する方針を発表しました。理由の一つは、共働き夫婦が多い台湾の出生率は日本よりも低く、一人っ子が多いことを考慮したこと、そして、もう一つには財政難があります。台湾の防衛費は国家予算の2割にものぼります。にもかかわらず、1年だけの徴兵では兵士の習熟度が低く、ほとんど役立たないため、徴兵制を廃止して、その分の予算を兵士の充実にあてることを見込んでいます。

２０１４年に徴兵制度を廃止して完全志願兵制に移行する予定でしたが、２０１３年に台湾軍による兵士のいじめ事件が発覚し、兵士志願者が激減しました。陸海空軍で

2万8000人の兵士採用を予定していたのですが、募集に応じたのがわずか462人だったため、2017年まで徴兵制度から志願兵制度の移行を先延ばししました。

## タイ

タイは18歳で徴兵検査を受け、2年間徴兵されますが、徴兵は「くじ引き」で決められます。これは徴兵の該当者が多過ぎるためです。くじが当たる確率は10人に1人で、空軍・陸軍・海軍などの配属先もくじで決まります。徴兵の時に逃げるとすぐに捕まえられ、10年間の懲役に科せられます。良心的徴兵忌避は認められていません。

## シンガポール

シンガポールは17歳で徴兵検査を受け、2年間の徴兵制があります。良心的徴兵忌避は認められていません。兵役終了後も、13年間の予備役があり、1年に1回、2~3週間の訓練を受ける義務があります。予備役として招集される間の給料は政府から支給されますが、兵役に応じない者は処罰され、最大3年間の懲役となります。この予備役兵の間、不定期に電話やテレビ、ラジオを用いた非常呼びだしがあり、数時間以内に装備を着用して集合できなかった場合も処罰されます。

## フィリピン

フィリピン軍は志願兵制です。大学生は軍事訓練を受けます。フィリピン軍は単独では軍事作戦を遂行できる能力がないと同盟国のアメリカに指摘されていますが、国連平和維持活動に熱心に取り組んでいます。フィリピンは現在、中国と南シナ海での領有権問題があり、フィリピン政府の外務大臣は日本の再軍備を歓迎する声明を出しています。

## インド

インドは徴兵制を敷いたことはなく志願兵制です。現在、世界第三位の軍事大国であるインドは、核兵器を保有し、原子力潜水艦や空母を持ち、ステルス戦闘機を多量に保有して、核開発や宇宙での軍備拡張に予算をつぎ込んでいます。

オセアニア地域のオーストラリアとニュージーランドは、志願兵制度です。どちらもアメリカとの強い同盟関係を持ち、国連平和維持活動に積極的です。ニュージーランド軍は戦車も戦闘機も軍艦も保有していません。ニュージーランド軍は9000人規模で、これは日本の海上保安庁1万2000人よりも少ないです。

フィリピンやカナダ、オーストラリア、ニュージーランドの軍事制度の共通点は、アメリカとの強い軍事同盟があるため、軍事にそれほどコストをかけずにいられることです。その代わりに国連平和維持活動に熱心なのも共通しています。

## 《北米》

### カナダ

カナダ軍は志願兵制で、災害派遣も任務に含まれています。アメリカ軍と密接な関係を持ち、国連平和維持活動にも熱心です。ベトナム戦争前後は、アメリカから兵役逃れの若者がたくさんカナダに逃亡しました。現在も、イラク戦争やアフガニスタン戦争に派遣されることを拒否した兵士がカナダに逃亡しています。

## アメリカ

9・11以前のアメリカにおいて、大きな爪痕を残したのがベトナム戦争です。ベトナム戦争中の1967年、18歳から35歳の男性が徴兵登録され、被徴兵者には48か月の兵役が義務付けられる軍事選抜徴兵法が制定されました。1973年にベトナムからの撤退が決まり、徴兵制度が廃止されて志願兵制度に移行となりましたが、それまでにベトナムへの派遣を拒否し、約5万人のアメリカ兵が無断離隊し、カナダに逃れました。2006年になって、ベトナム戦争時にカナダに逃亡したアメリカ兵が相次いで逮捕され、大きな話題になりました。カナダに逃亡して38年目に逮捕されたアメリカ兵士もいました。

ベトナム戦争の兵役拒否者として有名なのは、プロボクシング世界ヘビー級チャンピオンのモハメド・アリです。モハメド・アリは1967年に陸軍入隊命令を受けましたが、自分の宗教的信念から良心的兵役拒否を主張しました。しかし、選抜徴兵委員会はこれを認めず、懲役5年、罰金1万ドルを課しました。ボクシング協会がモハメド・アリから世界チャンピオンをはく奪し、試合を禁止したため、アリは24歳から28歳というボクシング選手にとっての最盛期である3年半を失ってしまいました。

兵役逃れのエピソードには興味深い後日談があります。2003年のイラク戦争開戦直

カナダのエスクィマルト海軍基地付近を航行する軍艦
Photo by Ronmerk
http://mrg.bz/GMxbt8

太平洋反テロ治安部隊所属のアメリカ海軍兵士
Photo by Todd Macdonald, Mass Communication Specialist 1st Class
U.S. Navy photo ( http://www.navy.mil/view ) : ID 090829-N-0021M-002

前、パウエル国防長官やベトナムで捕虜になったこともあるジョン・マケイン議員などベトナム戦争で戦った人々の多くは開戦に反対しました。一方で、兵役逃れをした疑いが否めないブッシュ大統領、チェイニー副大統領、ラムズフェルド国防長官などは強く開戦を主張しました。開戦を主張したタカ派の政治家の多くが、兵役逃れをした人物であることから「チキン・ホーク（臆病者のタカ派）」という言葉も生まれました。

## 《中南米》

日本にとって、地球の裏側にあたる南米では、ブラジル、コロンビア、ベネズエラ、ボリビア、パラグアイ、チリなどに徴兵制度があります。ブラジルは1年程度の兵役があり、徴兵検査がありますが、形骸化しています。

アルゼンチンとウルグアイは志願兵制です。両国はアメリカとの同盟関係が強く、国連平和維持活動に積極的に参加しています。

メキシコは徴兵制度ですが、清掃活動なども含めた社会奉仕も活動に含まれ、集団生活ではなく自宅から通います。キューバは2年間の徴兵制度があります。グアテマラやニカラグアは志願兵制です。

## 軍隊を持たない国　コスタリカ・パナマ

「軍隊のない国」として、一時期、日本でも大きな関心を集めたのが中米のコスタリカです。コスタリカは隣国のニカラグアと国境紛争をかかえ、複雑な理由から軍隊を放棄しました。以後、アメリカとの強い同盟関係を基盤に、親イスラエルの態度をあらわし、2002年にはアフガニスタンに武装警官を派遣しています。非武装中立を強調し、戦争を否定する教育を行い、環境保護を大切にする文化を育てて、軍事費にあてる予算を医療費や教育費にまわすというのが国際的に広く知られているコスタリカの理念ですが、一方で、多くのラテンアメリカ国家や学者が「コスタリカの政策は中立ではない」と指摘しています。

コスタリカと同じく、パナマにも軍隊がありません。1989年にアメリカ軍がパナマに侵攻し、ノリエガ将軍の身柄を拘束しました。ノリエガ将軍の支持母体であったパナマ国防軍は解体されて、アメリカ軍が駐留し続けるなか、国家保安隊に改組されました。

ここまでアジア、北米、中南米とみてきましたが、感じるのはアメリカの影です。フィリピン、オーストラリア、ニュージーランド、カナダ、アルゼンチン、ウルグアイなど徴兵制度がない国は、アメリカと軍事同盟を結び、国連平和維持活動にも熱心です。軍隊のない国であるコスタリカとパナマはさらにその様相が強いです。コスタリカの外交政策はアメリカの意向が強く反映されています。パナマは、アメリカ軍の侵攻後に軍が解体され、代わりにアメリカ軍が駐留しつつ同国の軍事を支配しています。

これらの国を見ていると、否応なく日本との共通点に気づかされます。日本もアメリカとの戦争に負けて軍隊を解体され、アメリカ軍に駐留されながら、同盟関係を結び、国策はアメリカの意向を強く受け、国連平和維持活動に熱心に取り組んでいます。まるで鏡を見ているかのような錯覚に陥ります。

## 《ヨーロッパ》

### ロシア

ロシアでは18―27歳の男性が1年間の兵役に就く徴兵制度が採用されています。

２００２年に成立した代替文民勤務法で、良心的兵役拒否が認められるようになりましたが、軍内でいじめや犯罪、汚職が横行していることから、２００４年には徴兵忌避率が90％以上、大都市部においては実に97％に達したと国防相が発言しているように、兵役逃れが常態化しています。「強いロシア」の再建を目指すプーチン政権のもとで、ロシア軍の抜本的な変革が進められていますが、少子高齢化や予算不足が足かせとなっています。

## 東欧諸国

東ヨーロッパ諸国において、冷戦終結後、２００４年にチェコとハンガリー、２００６年にルーマニアとスロバキア、２００９年にポーランドが次々に徴兵制度を廃止しました。ポーランドは１９９９年にＮＡＴＯ（北大西洋条約機構）に、そして２００４年にはＥＵ（欧州連合）に加盟して西欧との結びつきを強めています。高度な専門知識と技術を持つ国軍を作り上げることを目指して、２００９年には徴兵制度が廃止され、志願制が導入されています。

## 西欧諸国

ベルギーは1994年、オランダは1996年、イタリアは2004年に徴兵制度を廃止しました。

フランスは2001年に徴兵制度を廃止しましたが、その経緯が私には意外に感じられました。なぜなら、一般に右派は保守的、左派は改革的というイメージがありますが、徴兵制度の廃止を提案したのは右派のシラク大統領で、徴兵制度の存続を主張してシラク大統領と激しい論戦を繰り広げたのが左派、社会党のジョスパン党首であったからです。イタリアでも、最後まで徴兵制度の存続を主張したのは共産党などの左派でした。

徴兵制度廃止の決断の背後には、シラク大統領をはじめとする保守派の現実主義が見られます。冷戦の終結により、即時に動けるプロのコンパクトな軍隊が求められる時代において、徴兵制度はコストにみあった効果が見込めません。また、社会統合という徴兵制度の機能においても、エリート層が抜け道や代替任務について兵役逃れをするため、平等性というのは建前になっています。ならば徴兵制度を廃止するのが合理的であると考えたのです。政治における最適解を出すのに、右派も左派もないという好例だと思います。

## 北欧

スウェーデンは、現在は欧州・大西洋パートナーシップ理事会へも参加していますが、非同盟中立の立場をとり、それゆえに周辺国に警戒を緩めず、重武装を常としています。かつては徴兵制度を実施していましたが、２０１０年に廃止されました。国連平和維持活動にも熱心です。

ノルウェーは第二次世界大戦時にドイツに占領された経験から、戦後は国防力の充実に注力しています。徴兵制で、２０１５年から女性も徴兵されます。良心的兵役拒否が合法で、兵役の代わりに社会奉仕活動を選択することが可能です。

ロシアと隣接するフィンランドは、近代において外交・国防の面で旧ソ連の影響を大きく受けながらも、微妙なかじ取りで独立を維持してきました。徴兵制を敷き、兵役を終えても60歳まで予備役兵として有事には防衛に関わる義務があります。良心的兵役拒否は認められています。

一度も徴兵制を行ったことがなく、近代的軍事力を持ったことのないアイスランドは、世界的にも稀有な存在です。第二次世界大戦中、要衝の地をナチスドイツに奪われることを恐れたイギリスによって全土が占領され、冷戦時代は、旧ソ連に対する最重要拠点として、アメリカ軍を中心とするアイスランド防衛隊が駐留していました。同部隊の撤退を受けて国土警備と防衛を目的として防衛庁が設立されましたが、ここでも実行部隊は組織されていません。ただ、国外に平和維持目的で派遣するアイスランド平和維持部隊を有しています。80人程度の規模ですが、ボスニア、コソボ、アフガニスタンなど積極的に派遣されています。

## イギリス

イギリスは、第一次世界大戦と第二次世界大戦の一時期は徴兵制を敷いていましたが、1960年には廃止され、志願制となっています。かつて世界人口の4分の1を支配した大英帝国のころとは比べるべくもありませんが、第二次世界大戦後も世界各地に軍を配備し、活発に活動しています。核兵器も保有しています。特殊部隊など対テロ戦争やフォークランド紛争のような地域紛争に適応したコンパクトで機能的な軍隊を目指し、予算は科学技術開発に重点的に配分されています。

## ■募兵制度のグローバル・トレンド

ここまで、世界各国の募兵制度を見てきましたが、三つのことが言えるのではないかと思います。

第一に、徴兵制度は純粋に軍事的な目的で行われているのではなく、各国がそれぞれの事情で採用や廃止を決めているということです。かつて徴兵制度を採用していた少なくない国々が、冷戦終結以降、主にヨーロッパで次々と徴兵制を廃止する流れがあります。その理由は、ハイテク化され、十分に訓練を積んだ機動力のある新しい軍隊が求められている現在において、徴兵制が適していないと判断したからです。一方で、マレーシアやスイス、オーストリアのように、多民族国家をまとめる手段としての徴兵制の機能を重視し、導入・存続を決めた国もあります。

とは言え、徴兵制の第一義は兵士の調達にあります。その時、はたして現代の戦争において徴兵制度は本当に合理的なのかという疑問が出てきます。第二章ではこの点について考えます。

第二は、フィリピン、カナダ、ニュージーランド、オーストラリア、アルゼンチンなどアメリカと親密な関係をもつ国は、徴兵制度ではなく志願兵制度をとり、国連平和維持活動（ＰＫＯ）に積極的に参加しているということです。このなかにはもちろん日本も含まれます。

このことに気付いたことで、私に新しい視点が生まれました。それは、「平和憲法という日本に特有の問題」は決してそうではないということです。１９９１年の湾岸戦争の時に、「日本は金だけ出して人を出さない」「自衛隊を派遣しなければいけない」とよく言われていました。そして、日本がＰＫＯに参加する時は大きな議論が起こりますが、そのたびに「日本も普通の国になるべきだ」として憲法改正を是とする意見が聞かれます。

私はこれまで「平和憲法があるからＰＫＯ参加がこれほど問題になるのだろう」となんとなく思っていたのですが、今回各国の様相を調べてみて、ＰＫＯに積極的に参加している国であっても、ＰＫＯへの派遣、発砲、殺人は大きな問題として議論されていることを知りました。

そして気づいたのです。ＰＫＯに軍を派遣することの意義、経緯、結果はその国全体で負っていかなければならないことですから、国民の関心が高いのは当然のことです。つまり、平和憲法があるから必死にその意義を考えなければいけないということではないし、逆に平和憲法がないから何も考えなくていいということでもないのです。そんなこと、あたりまえじゃないかと思われるかもしれませんが、私には盲点になっていたのです。

ですから、海外に軍を、たとえ平和目的であっても、派遣することに対して生じる問題は、決して「平和憲法を持っている日本に特有の問題」ではなく、多くの国が直面している問題なのです。アメリカに軍事を大きく依存するという日本とよく似た状況にあるこれらの国での議論は、日本が自身の立ち位置を確認し、問題を解決していくうえで大いに参考になると思います。

第三は、科学技術の進歩で、女性の戦闘参加の増加が予想されることです。武器や装備の軽量化や性能改善、通信技術の発達は、ノルウェーの女性徴兵開始や戦闘任務の制限撤廃を可能にする一因です。今後、重要性を増す遠隔操縦技術やサイバー攻撃といった分野において、女性の台頭は一層進むと思われます。

## ■参考文献

※佐々木陽子「日本における徴兵忌避を問うことの今日的意義」『年報社会学論集』Vol. 2004 No.17 P 36-47

※寺島俊穂「兵役拒否の思想」『大阪府立大学紀要』１９９２年40巻1号 P７—31

※山岡 加奈子「コスタリカ外交－理念と現実－」『コスタリカ総合研究序説』２０１２年3月発行

※世界各国の徴兵制度（website） http://conscription.blog.shinobi.jp/

※「徴兵制存続、大差で決まったヨーロッパの国」読売新聞２０１３年9月24日

※「スイス、徴兵制廃止を否決　国民投票、伝統を支持」『ＭＳＮ産経ニュース』２０１３年9月23日

※「帝国起源の徴兵制を維持　オーストリア国民投票」『共同通信』２０１３年1月21日

※「スイス国民が徴兵制を望んだ理由」『ニューズウィーク日本版』２０１３年10月9日

※「経費削減で徴兵規模縮小　マレーシアで来年導入」『共同通信』２００３年6月13日

※Rogin, Josh. "McChrystal: Time to bring back the draft". Foreign Policy. ２０１２年7月3日
The Foreign Policy Group.

※「ノルウェー、女性も徴兵へ」『ＭＳＮ産経ニュース』２０１３年6月15日

※Anna Mulrine「女性兵士の戦闘参加　各国の状況」National Geographic News　January 28, 2013

※JACEY FORTIN　加藤仁美訳「米軍、女性兵士の戦闘行為禁止を撤廃」International Business

Times　２０１３年1月28日
※「台湾で兵士集まらず、2.8万人採用予定に志願わずか４６２人」『毎日中国経済』２０１３年7月25日
※「台湾軍、志願制全面移行を2年延期　国防報告書」『日本経済新聞』２０１３年10月8日
※「日本の再軍備を支持するフィリピン、中国との均衡探る」『日本経済新聞』２０１２年12月11日

# 第2章　現代において徴兵制は合理的なのか？

軍隊が人材を長期間、安定的に確保するうえで欠かせない徴兵制ですが、冷戦後は多くの国々で廃止されています。その理由の一つに「求める軍のスタイルに適応できる人材を養成できない」ことがあることを第一章でみてきました。

現代において徴兵制は合理的なのか、という問いにおいて、私は全くそうではないと思います。理由は二つあります。一つは「普通の人は人を殺せない」という事実があること、もう一つは戦争のスタイルにおいて現在、そして今後主流となっていくことが確実なロボット戦争とサイバー戦争において、必要とされる人材を徴兵制で確保することはできないと考えるからです。

## ■普通の人は人を殺せない

アーカンソー大学にデーヴ・グロスマンさんという軍事学の教授がいます。彼はアメリカ陸軍に23年間在籍しました。陸軍一のエリート特殊部隊であるレンジャー部隊や落下傘部隊の資格を持ち、プロ中のプロの軍人という経歴を誇ります。

彼は過去の戦争の記録から「普通の人は、人を殺せない」、そして「普通の人間は長期間の戦闘に耐えられない」という結論を導き出しています。詳細はぜひグロスマン教授の著書『戦争における「人殺し」の心理学』（ちくま学芸文庫）をお読みいただきたいです。この本はウエストポイント陸軍士官学校をはじめとして、世界中の軍事学校で教科書として採用されていますが、現代人に多くの示唆を与える名著です。

南北戦争や第一次世界大戦、第二次世界大戦の記録によると、第二次世界大戦中に成功した軍事作戦のほとんどすべてが、徹底的に訓練されたプロの職業軍人によってなされました。また、南北戦争や第二次世界大戦中、アメリカで徴兵された兵士のわずか15～20％しか発砲していませんでした。そして、第二次世界大戦中に撃墜された飛行機の40％は、全パイロットの1％未満が撃墜したことも判明しています。つまり、「普通の人」は人を殺すことへの抵抗が強いため、戦場であっても引き金を引くことができず、ミサイルのボタンを押すことができない、身も蓋もない言い方ですが、兵士としては役に立たないのです。

また、グロスマン教授は「普通の人間は長期間の戦闘に耐えられない」として「戦闘が6日間以上続くと、全生残兵の98％がなんらかの被害を受けている。また、継続的な戦闘に耐えられる2％の兵士に共通する特性として、攻撃的精神病質人格の素因をもつという点があげられる」と述べています。そして、自らのレンジャー部隊での経験から、「特殊部隊には攻撃的精神病質人格が多い」と言います。

「攻撃的精神病質人格」とは聞きなれない言葉ですが、いわゆるサイコパスです。サイコパシー・チェックリストとその改訂版の開発者である犯罪心理学者のロバート・D・ヘアによると、サイコパスには良心の異常な欠如、他者に対する冷淡さや共感のなさ、慢性的に平然と嘘をつく、行動に対する責任が全く取れない、罪悪感が全くない、過大な自尊心と自己中心的な態度、口の達者さと表面的な魅力といった特徴があります。ただ、異常ではあっても病気、いわゆる精神病ではないため、ほとんどが通常の社会生活を送っています。

殺人に対して心理的抵抗がない人間は、男性人口の2％程度、一定の割合で存在していると言われます。彼らは兵士として適任かもしれませんが、その他の98％である普通の人は人を殺せないし、長期間の戦闘にも耐えられないのです。

## ■心理学を応用して殺人に対する抵抗を減らす

ならば、その98％を兵士として任務を遂行させるにはどうしたらよいのか、その大きな転機となったのがベトナム戦争です。アメリカ軍は、殺人を可能にするために、戦闘訓練で積極的に心理学を応用しました。

まず、発砲率をあげるために、心理学用語でいう「条件付け」を行いました。条件付けとは、一定の操作により特定の反応を引き起こすよう学習させることです。これまで使っていた丸い標的を動く人型の的に変えて、弾が当たると標的は血に似せた赤ペンキを出すゲーム感覚の報酬を作ったところ、アメリカ軍の発砲率は劇的に上昇しました。私は大学で心理学を学んだ時に、パブロフの犬の話を聞いて、「こんな動物実験がいったい人間心理の理解や現実の理解になにか役に立つのだろうか」と疑問を持ちましたが、その効果はてき面で、アメリカ軍は、兵士をエサを与えなくてもよだれをたらすパブロフの犬よろしく条件付けしたのです。この訓練法は、その後多くの国で導入され、常識となりました。

そして、殺人を容易にするために、アメリカ軍は、兵士と標的との心理的距離を作り出します。アフガニスタンやイラクでは遠隔操縦タイプの無人機が使用されていますが、パイロットはフロリダの基地で無人機の操作を行い、ミサイルのボタンを押します。犠牲者との距離を置くのに有効な方法と言えます。

また、口にすることで思い込ませる、人格を否定して従属させるという技術も用いられています。グロスマン教授は、訓練でランニングをする際に「レイプするぞ、ぶっ殺すぞ、ぶんどって、焼き捨てて、死んだ赤ん坊を食ってやる」と歌わされたと言います。

スタンリー・キューブリック監督の映画『フルメタル・ジャケット』に、若い兵士をしごくハートマン軍曹という人物が登場します。彼は徹底的に若者の人格を否定し、戦闘マシンへと変えていきます。実は、ハートマン軍曹を演じたロナルド・リー・アーメイさんは当初、テクニカル・アドバイザーとして映画製作に参加していたのですが、アーメイさんによる兵士をののしる罵詈雑言の指導があまりに迫力があったので、キューブリック監督が気に入り、ハートマン軍曹役に抜てきしました。アーメイさんにはベトナム戦争に従軍した経験があり、言うならばホンモノですから真に迫っているのは当然かもしれませんが、「こんなことをアメリカはベトナムでしていたのか、映画のなかのフィクションであってほしい」と思わずにはいられないほど、映画の内容は衝撃的でした。

人間には殺人を回避しようという本能があります。しかし、現代の軍隊は心理学のテクニックを駆使してその本能を操作していることを心に留めておかなければならないと思います。

## ■低強度紛争の台頭

次に、現代の軍事活動の特徴から、徴兵制度の合理性を考えてみたいと思います。アメリカの評論家、作家、未来学者であり、『第三の波』の著者としても有名なアルビン・トフラーさんは、『アルビン・トフラーの戦争と平和』のなかで「現代の戦争を理解するのに大切なのは、低強度紛争の概念を理解することである」と述べています。

低強度紛争とは、大規模な武力の使用が行われる戦争と平和の中間状態を指す概念ですが、最近では反乱、テロリズム、ゲリラ戦、マスコミやインターネットによる世論操作をおこなう情報戦も含めて使われることが多い言葉です。個人や少人数のグループによる奇襲や略奪などの武力行使が局所的、小規模ながら長期間にわたって繰り返されるため、情勢の把握が困難で事態がエスカレーションする危険があります。

この低強度紛争という概念を広く知らしめるきっかけとなったのは、ベトナム戦争です。当時のアメリカ軍は、核兵器や戦略爆撃機、原子力潜水艦、徴兵制による十分な兵力、豊富な軍事費など、ベトナムとの戦力差は圧倒的でした。実際、局地戦では常にアメリカ軍が勝利しています。それも、アメリカ軍の死者、5万8000人に対し、ベトナム人の死者は110万人と言われるほど圧倒的な勝利だったのです。

にもかかわらず、アメリカは敗北を喫しました。その理由は、赤いナポレオンの異名を持つベトナムのボー・グエンザップ将軍によって書かれた『人民の戦争・人民の軍隊』に端的に記されていると思います。

グエンザップ将軍は、搾取する国と搾取される国があり、搾取される国が持つ軍隊は人民軍で、人民軍が戦う戦争が人民戦争と見なしていました。グエンザップ将軍が戦った第一次インドシナ戦争とベトナム戦争は、それぞれ当時の大国であるフランスとアメリカに対抗する、人民戦争の特徴を持つ戦いでした。人民戦争においては長期戦が前提となるため、装備や人員で優勢な正規軍に対抗するためには、人民軍はゲリラ戦に対応した軍隊である必要があるとグエンザップ将軍は述べています。

また、グエンザップ将軍は、目標を立て、その実現のために全人民の力を結集することを重視しています。「戦争とはなにか」という点から問題を掘り起こしているクラウゼヴィッツの『戦争論』には「戦争とは他の手段をもってする政治の継続である」という有名な一文があります。私は「まず政治的な目標があって、それを達成するために力を行使するのが戦争である。故に一つ一つの戦いに勝利を収めたということよりも、政治的な目標を達成できたかどうかが戦争の勝敗を決める」と理解しています。

ベトナムの目標は、独立を保つためにアメリカを撤退させることでした。一方、アメリカの目標は、ベトナムを共産化させないことでした。局地戦で勝利を重ねるアメリカに対し、ベトナムは意図的にジャングルのなかのゲリラ戦に持ち込み、女性や子どもも兵士にし、人間が爆弾を抱えて特攻することさえして、手段を選ばない総力戦を展開します。さらに、アメリカ軍の残虐行為を世界中のマスコミにアピールし、世界的な反戦ムードを盛り上げていきました。

結果、アメリカや西欧諸国での反戦世論が盛り上がり、アメリカはベトナムから撤退せざるをえなくなりました。つまり、ベトナムは正規軍のぶつかり合いではなく、ゲリラ戦と情報戦という低強度紛争の概念そのものでアメリカ軍に勝利したのです。従来の大規模な武力行使を前提とした戦争のあり方を変えたという点で、ベトナム戦争は軍事史の転換点と言えます。ここからゲリラ戦、テロ、情報戦、サイバー戦といった戦いがクローズアップされていきます。

余談になりますが、アメリカはベトナム戦争で大きく威信を傷つけられたものの、「圧倒的軍事力を誇る自分たちが敗北した」という事実から目を背けず、徹底的に原因を追究しました。その成果が、ベトナム戦争の次の大きな戦争となる1991年の湾岸戦争、そして2003年のイラク戦争で大いに生きることとなりました。戦闘映像をまるでビデオゲームのような画像で報じたり、イラクには大量破壊兵器があると誤情報を流して開戦ムードを盛り上げていったことは記憶に新しいですが、特にメディアを操作しての情報戦は、「ベトナム戦争の悪夢を振り払った」と言われるほどの大成功をおさめました。

低強度紛争は、長期間行われるということが前提であるため、戦う気持ちを持ち続けることが事態を大きく左右します。気が進まないまま徴兵された兵士が、目標実現を強く望んであらゆる手を打ってくる敵に対することができるのか、私は疑問に思います。

## ■現代の戦争を語るうえで外せないキーワード

### スピード

従来の大規模な武力行使からゲリラ戦、テロ、情報戦、サイバー戦へと戦争の形態が多様化している現代において、カギとなるのは「スピード」です。ドナルド・ラムズフェルド元米国防長官は、国家安全保障戦略におけるスピードの重要性を強調し、「米国の都市、同盟国、および展開している部隊を守るため、米国は、遠く離れた戦域に素早く到達でき、迅速に展開でき、敵を速やかに攻撃し、壊滅的な影響を及ぼすために空海軍と協働する完全に統合された部隊を持たなければならない」と述べています。軍の「量からスピード」を可能にするのが、特殊部隊を含む高度に訓練された軍隊とハイテク技術です。

## 特殊部隊

破壊工作、暗殺、偵察、要人警護、治安維持、捕虜救出など、困難な作戦遂行のために特別に編成される部隊だけに、特殊部隊には知力・体力ともに抜きん出た、軍でもトップクラスの人材が登用されます。例えば、アメリカの場合、厳しい入隊資格をクリアーしたとしても、そこからさらに特殊部隊資格課程を修了しなければ、成員として認められません。そのなかには10ヶ国語の習得、過酷なサバイバル訓練、尋問耐久訓練、工兵技能、通信技能、医療衛生など多くの課程が含まれます。修了後、合否判定を受けて配属された後も、実戦に参加するまでに、なお数年の技術習得を重ねます。

徴兵検査に合格して1～2年程度の兵役訓練を受けるだけの兵士では、このようなプロ軍隊を養成するのは不可能です。ご自身の職業で想像してみてください。現代はどの業界、どの職種でも専門化しています。業務内容が以前より複雑に、そして広範囲になっており、より多くの知識を必要とします。もし、誰かが20人の素人をいきなりあなたの所に連れて来て、「1年で全員を一人前の仕事ができるようにしてください」と言ったとしたら、あなたは途方に暮れてしまわないでしょうか。金融業界であれ、流通業界であれ、5年から10年は現場で経験を積み、ようやく戦力になります。どうして軍事だけが旧態依然とした体制でやっていくことができるでしょうか。徴兵制は、戦争がまだ大規模な武力のぶつかり合いであった時代なら、意味があったと思います。しかし、現代のハイテク設備と高度な訓練を受けたプロ部隊のなかに、素人を徴兵して1年や2年程度訓練を受けさせたところで、何ができるでしょうか。

## ロボット技術

アメリカ国防総省は軍事関連のさまざまな技術開発をしていますが、なかでも注目を集めているのがロボット技術、ドローン（無人航空機）、サイバー攻撃です。

ロボットは簡易爆弾処理など3D、dull（単調）、dirty（汚い）、dangerous（危険）の任務に適しています。アメリカ軍では、現在、多くの戦闘局面でロボットが使用され、戦闘地域で偵察などに使用される遠隔操作ロボットＴＡＬＯＮは、兵士たちから「タロン軍曹」と呼ばれるほど信頼されています。

戦場におけるロボット技術の現在の主な課題は二つあります。一つは、ソフトウェアの安全性をいかに確保するかです。ロボットを動かすためには、ロボット本体そのもの以外に、パソコンのＯＳにあたるソフトウェアが必要です。２０１０年に、アメリカ軍の無人ヘリが試験飛行中に制御不能になる事態が起きましたが、ソフトウェアのエラーは大事故を引き起こす可能性があります。

もう一つは、技術開発と実際に戦場で使う間にタイムラグがあるということです。この時間差を埋めるために、今後は兵士たちがアイディアを出して、自分たち自身でロボットを開発し、利用方法を考えることが視野に入れられています。現場の兵士には、今やこんなことまで求められるのです。

米国防総省の防衛先端技術研究計画局（ＤＡＲＰＡ）による災害対応時に使用可能なロボットの開発コンペが、２０１２年から２０１４年まで開催されます。ここで注目されている捜索救助活動のために開発されたボストン・ダイナミクス社の「アトラス」は、国防総省が１０９０万ドルもの開発資金を出しています。また、オープンソース・ロボット開発財団によるロボット開発用の無料ソフトの配布、そして潤沢な資金と人材を持つグーグルのロボット事業参入で、ロボット開発は今後、加速度的に進むと期待されています。戦場におけるロボットの任務は、今後ますます増えると思われます。

ボストン・ダイナミクス社開発の人型ロボット・アトラス
Photo by DARPA, an agency of the United States Department of Defense　1 January 2013

## ドローン（無人航空機）

機体に人が乗っていない航空機・ドローンは、当初は偵察を目的として開発されました。２０１１年の福島第一原子力発電所事故の際に、被曝の恐れのために人が近づけない現場を撮影したのはアメリカの無人飛行機「グローバルホーク」でした。２０１３年の日本の防衛大綱では、日本も同機の導入を発表しており、世界各国でドローンの配備が進められています。

ただ、近年は攻撃を目的とした開発が積極的に行われており、「殺人無人航空機」の意味合いが強まっています。２００２年にアメリカの「プレデター」がイエメンでアルカイダ工作員を殺害したのが、アメリカが公式に認める最初の無人飛行機による攻撃です。その後、ネバダの基地で操縦されるドローンがアフガニスタンやイラクの人々を攻撃する多くの軍事作戦が行われました。

ドローンは敵の司令官暗殺という成果をあげる一方で、搭載されているヘルファイアミサイルの威力が強すぎて、周囲の民間人を巻き込むことが問題視されています。２０１３年10月に発表された国連のドローン攻撃についての報告書によると、２００４年以降、パキスタンやアフガニスタンでドローンの攻撃により、一般市民４００人以上が死亡しました。国連は、「市民の犠牲に責任がある国、特にアメリカは経緯を調べ公表する義務を負う」、そして「無人機攻撃の事実関係や国際法上なぜ許されると考えるかを明確にするよう求める」と指摘しています。

２０１１年、イランがアメリカのステルス無人飛行機ＲＱ―１７０センチネルをハッキングしました。イラン革命防衛隊のアリ・ファズリ司令官代理は「イランの高校生に、無人飛行機のハッキング方法を『市民防衛』の授業で教える」と語っています。私は、このニュースを驚きを持って聞きましたが、今後はこれがあたりまえになっていくのでしょうか。

これまで攻撃に使用されたドローンは遠隔操縦の機体ですが、すでに、自動操縦による無人殺人飛行機が開発されています。これは空中での実戦に使用することを想定しています。人間にとって厳しい条件が重なる亜音速の空中戦において、人間よりも機械の方が冷静な判断を下せるからです。2013年7月、アメリカ軍は、空母へのステルス無人攻撃爆撃機X47―Bの離発着を初めて成功させました。X47―Bは空対空ミサイル、レーザー光線、高出力マイクロ波を備えた亜音速飛行機で、日本を拠点とするアメリカ第7艦隊に配備される予定です。アメリカ軍は、無人航空機だけでなく、無人ヘリ、無人ボート、無人車両もすでに開発し、攻撃機や戦闘車両の3分の1を無人機とするロボット軍隊化を目指しています。

## サイバー攻撃

日本の新聞やテレビではあまり報道されませんが、2007年以降、バーチャル空間においてものすごい変化が起こっています。実弾こそ飛びませんが、サイバー空間では宣戦布告もなしに敵性国の施設を攻撃することが日常的に行われています。今では、サイバー空間は、陸・海・空・宇宙に次ぐ5番目の戦場と認識されています。

２００７年４月、ロシアはエストニアをサイバー攻撃したと言われています。ロシア政府は公式にはこれを否定していますが、エストニアの銀行や電話、クレジットカード認証システムが、約2ヶ月にわたり復旧不可能な状態に陥りました。これを受けて２００８年、ＮＡＴＯはＮＡＴＯサイバー防衛センターを創設しました。ロシア―グルジア戦争とも呼ばれる２００８年の南オセチア紛争の際にも、グルジア政府機関と報道機関はサイバー攻撃を受けており、ロシア政府の関与が疑われています。

２００９年７月には、アメリカと韓国がサイバー攻撃を受け、韓国政府は犯人は北朝鮮だと名指ししました。この事件を受けて、翌２０１０年１月に韓国はサイバー戦闘部隊を創設しました。

２０１２年５月29日、ロシア企業による「フレイム」発見の報道をきっかけに、アメリカとイスラエルがイランの核開発に対して行ったサイバー攻撃が明るみに出ました。フレイムは新種のコンピューターウイルスで、電力や交通など国のインフラシステムに感染します。そのフレイムがイランのシステムから見つかり、以前からささやかれていたアメリカとイスラエルがイランに対してサイバー攻撃を行っているのではないかという疑惑がさらに強まりました。6月1日のニューヨークタイムズでは「アメリカとイスラエルが合同で2006年から、イランの核開発用システムに対するサイバー攻撃『オリンピック・ゲームズ』を行っていた」ことが報じられています。後に、イスラエル、アメリカ両政府がイランへのサイバー攻撃への関与を認めています。このサイバー攻撃はイランのウラン濃縮のためのコンピューター数千台を破壊するのに成功し、イランの核開発を1〜2年程度遅らせたと言われています。

2013年には日本の防衛省、ロシア防衛省、イギリス防衛省がサイバー防衛隊を創設することを発表しました。特にイギリスとロシアは防衛だけでなく、攻撃能力を持つことを公言しています。イギリスはサイバー防衛隊の募集資格から体力要件を外し、ハッカーを500人規模で公募しましたが、これらはすでに水面下で起こっていたことが表面化したにすぎません。

2013年、シリア内戦の際には、アサド大統領を支持するシリア電子軍が活動しています。攻撃対象は主にシリア政府に批判的な報道をおこなう報道機関やソーシャル・ネットワーキング・サービス（ＳＮＳ）で、ニューヨークタイムズ紙やツイッターも攻撃を受けています。もはや、どのような戦争でもサイバー攻撃から逃れることはできないでしょう。

ロボット技術やサイバー攻撃といった軍事のハイテク化で、軍隊における無人化、専門化は今後、一層進むと思われます。20年前にロボット戦争やパワード・スーツ、宇宙戦争、非殺傷兵器などのアメリカ軍の新しい戦争を予見したアルビン・トフラーは、「アメリカ中のありとあらゆる組織のなかでもアメリカ軍ほどの高学歴集団は存在しない」と述べています。アメリカ軍は最も多くの理系の博士号を持つ集団であり、しかも二つ以上の博士号をもっている人が一番多い集団なのです。貧困層や移民が志願兵として、アメリカ軍の底辺を支えているという現実の一方で、アメリカ軍は宇宙軍やサイバー軍を含む超ハイテク組織となっています。この無人化・ハイテク化の時代に徴兵制度というのは世界の潮流のまったく逆であり、時代錯誤のように思えます。

無人偵察機 RQ-16 T- ホーク
photo by Kenneth G. Takada, Mass Communication Specialist 3rd Class
United States Navy, 14 November 2006

プレデターＭＱ－１
Photo by Lt Col Leslie Pratt, U.S. Air Force
16 December 2008

■参考文献

※デーヴ・グロスマン著、安原和見翻訳『戦争における「人殺し」の心理学』ちくま学芸文庫２００４年5月
※アルビン・F・トフラー著、徳山二郎訳『アルビン・トフラーの戦争と平和―21世紀、日本への警鐘』フジテレビ出版１９９３年1月
※ヴォー・グエン・ザップ著、真保潤一郎・三宅蕗子訳『人民の戦争・人民の軍隊―ヴェトナム人民軍の戦略・戦術』中央公論新社２００２年6月
※クラウゼヴィッツ著、篠田秀雄訳、『戦争論』岩波書店１９６８年2月
※リチャード・クラークロバート・ネイク著、北川知子・峯村利哉訳『核を超える脅威世界サイバー戦争』徳間書店２０１１年3月
※谷口長世著『サイバー時代の戦争』岩波新書岩波書店２０１２年11月21日
※「米英に無人機攻撃の説明要求　国連、市民4百人超犠牲と」『共同通信』２０１３年10月19日
※「無人機プレデター&リーパー　死者１０００人、巻き添え多数」『時事通信』２００７年8月8日
※「自衛隊に海兵隊機能、無人機も導入へ　防衛大綱中間報告」『産経新聞』２０１３年7月24日
※「イラン、撃墜した米無人偵察機の映像を初公開」『AFPBB News』２０１１年11月5日

※ Iran to teach drone-hunting to school students. The Guardian　２０１３年8月19日
※「イラン、『ドローン狩り』を学校の授業に　巻き添えで一般人が殺害されている地域も」『ＭＳＮ産経ニュース』２０１３年8月20日
※「ロボットと人間の未来」『Newsweek』２０１４年5月6日

# 第3章　社会を歪める徴兵制度

第三章では、徴兵制度が社会にどれほど大きな歪みをもたらすのか、韓国における徴兵忌避の実態を参考に見ていきたいと思います。

## ■カネとコネのない人間だけが徴兵される

良心的徴兵拒否が認められていない韓国では、18歳以上、30歳までの男性に約2年間の兵役が課せられます。しかし、スポーツ選手、芸能人、政治家、富裕層は事実上の兵役逃れをしているため、「カネとコネのない人間だけが徴兵される」と多くの国民が不満を抱いています。

実際、国民の不満は根も葉もないことではなく、政府機関である韓国職業開発院が2007年から2010年にかけて行った調査では、親の所得や学歴が高いほど、軍に服務する確率が低くなることが発表されています。そして、親の職業が放送・芸能関係者の場合も、服務率が低くなると言及されています。

2004年、韓国プロ野球選手が自分の尿に薬品を入れるなどの手口で兵役逃れをしていることが大ニュースになりました。ブローカーに4000万ウオン（約400万円）

を支払えば、尿に薬をいれて腎臓病を装う診断書を手に入れることができるので兵役を逃れられる、という情報が口コミでプロ野球選手に広がりました。そして、このブローカーが逮捕されると、芋づる式に次々とプロ野球選手が摘発されたのです。韓国プロ野球界は、該当選手に試合出場停止の処分を下しましたが、選手全体の10％以上にあたる51人にも上ったため、プロ野球界そのものが存亡の危機に立たされました。翌2005年には、元ボストン・レッドソックスの趙珍鎬選手を含む数人が、懲役6ヶ月から8ヶ月という実刑判決を受けました。

2008年には92人のサッカー選手が自ら肩を脱臼するなどして兵役逃れしていることが判明しました。サッカー選手たちはおもりを持ったまま腕を回したり、お互いに肩の上に乗って脱臼させたりしていました。釜山市の整形外科医が45人のサッカー選手に対して、膝の軟骨の一部を除去する手術を行った例もあります。膝の悪化を示す診断書やレントゲン写真を提出して、兵役を逃れるためです。膝の軟骨の一部を除去しても2ヶ月位で再生するので支障はないとのことですが、歩行困難の後遺症に苦しむ人もいたそうです。体が資本のサッカー選手が膝の軟骨の除去手術を受けたり、故意に肩を脱臼させるというのは、想像外の行為です。

韓国では、芸能人の兵役逃れのニュースは年中行事のように報道されます。2010年にはK－POP歌手のMCモンさんが兵役を免除されました。歯が12本抜けていたからです。しかし、その後の捜査でこのうち少なくとも4本は、兵役を逃れるために故意に抜いていたことが判明しました。「芸能人は歯が命」なのに、その歯を自ら抜くのです。

大学生9人が白内障になる手術を受けて兵役免除になったという事例もあります。海外の学歴エリートであっても、徴兵からは逃れられません。アメリカのビジネス・スクールには必ずと言っていいほど韓国人が在籍していますが、彼らのようなビジネスエリートたちが兵役を逃れるために、醤油を大量に飲んで病気になろうかと相談しているというのです。一般人も負けてはいません。友人に車ではねられるなど、考えられない方法で兵役逃れを試みています。

1997年の大統領選挙で李会昌さんが金大中さんに敗れたのは、2人の息子が激痩せを理由に兵役逃れをしていたことが発覚したからだとも言われています。富裕層の兵役逃れは常態化しており、その手口としてしばしば利用されているのはアメリカでの出産です。アメリカは国籍に出生地主義をとっているので、アメリカで出産すると韓国とアメリカの二重国籍となり、兵役を逃れることができるからです。

２０１３年には、ある財閥ファミリーの女性が妊娠９ヶ月でアメリカ支社に赴任して、現地で出産したことが韓国で大きな話題になりました。常識的に考えて、妊娠９ヶ月の女性を海外赴任させることはまずありえません。アメリカで出産しアメリカ国籍を得るという方法は、いろいろな問題点が指摘されています。出産が順調ならともかく、妊婦さんの健康トラブルや子どもが先天的な疾患を持っている場合、対応が非常に困難になります。受け入れ側のアメリカの病院にとっても、貴重な医療資源を不純な動機の外国人にとられるという危機感があり、アメリカの一部の州では、国籍目当ての出産を法律で禁止しようという動きがあります。

国際連合人権委員会の発表によると、２０１３年に世界各国で宗教や良心などの理由で兵役を拒んで収監されている人の数は７２３人で、そのうち韓国人が92・５％の６６９人を占めています。良心的徴兵忌避を認めない韓国では、徴兵忌避を厳罰化し、社会的にもかなりの制裁を受けます。それでも一向に兵役逃れがなくなる気配はありません。ただ、兵役逃れの問題は決して韓国だけのものではなく、世界中で見られることです。

## ■富裕層・上流階級の兵役逃れで社会に募る不公平感

アメリカでは、イラク戦争を始めたジョージ・W・ブッシュ元大統領自身が、当時徴兵逃れの常套手段だった州兵加入によって、徴兵を逃れています。テキサス空軍州兵の筆記試験では下から25番目の合格最低点で合格、任務中に共和党の議会選挙活動をおこなうためにアラバマ空軍州兵へ転任、ハーバード・ビジネス・スクールに通うために約8ヶ月早く退役と、父親のコネのおかげで軍務で有利に扱われたと言われています。イラク戦争前後、アメリカではブッシュ元大統領やディック・チェイニー元副大統領のように自分たちは戦場派遣を避けながら開戦を主張する人たちを皮肉って「チキン・ホーク（臆病者のタカ派）」という言葉が流行りました。

徴兵制度が公平なものならまだしも、実際には富裕層や上流階級の子弟は兵役を逃れ、兵役についたとしても戦場を避けて安全な部署に優先的に配属されています。徴兵制を敷いている多くの国で、大学生には兵役の猶予期間があり、軍事教練で済ませることもあります。日本は大学進学率が高いのでピンときませんが、世界的には、大学に進学できるのは社会のエリート層、富裕層であるからです。

　エリート層、富裕層が兵役逃れをするなら、徴兵制度における社会統合という役割はなくなり、むしろ苦役としての不公平感がつのるでしょう。フランスの徴兵制度廃止派が主張したように、すでに「徴兵制度が社会を統合する」という理論は成り立たないように思えます。

■参考文献

※康熙奉著『韓国の徴兵制』双葉新書2011年2月16日
※尹載善著『韓国の軍隊―徴兵制は社会に何をもたらしているか』中央公論新社2004年8月
※三宅勝久『自衛隊員が死んでいく―〝自殺事故〟多発地帯からの報告』花伝社2008年5月
※「韓国プロ野球で兵役逃れ、50選手、警察が操作を拡大」『共同通信』2004年9月6日
※「韓国の兵役事情」『All About』http://touch.allabout.co.jp/gm/gc/292781/2/
※「韓国のサッカー選手、兵役逃れで故意に肩を脱臼」『ロイター通信』2008年2月4日
※『徴兵免除のため？なくならない『遠征出産』子供に米国籍を得させたい」『日経ビジネス』2013年6月20日
※「徴兵　親の所得・学歴高いほど息子の現役服務率は低下」『朝鮮日報』2013年6月28日

# 第4章　世界の軍隊における虐待・セクハラ・自殺問題

## ■世界中の軍隊で日常となっている虐待・セクハラ・自殺

世界中の軍隊で虐待、セクハラ、自殺が問題となっています。2013年7月、台湾の国防大臣が更迭されました。兵役についていた23歳の若者がスマートフォンを持っているのを発見され、しごきを受けて死亡したこと、さらに台湾軍が証拠ビデオを消去するなどの隠蔽工作をしていたことが発覚したためです。同年8月3日には台湾総統府前で真相究明をもとめて約11万人（主催者発表は25万人）が抗議デモを行い、大きな議論を呼び起こしています。台湾は2014年で徴兵制度を廃止し、志願兵制度に移行しますが、2013年度は2万8000人の採用予定に対して462人の兵士しか集まらず、目標達成率は2%未満という有り様でした。これは、しごき事件の影響が大きいと言われています。

韓国では軍内のいじめが原因で重大事件が何度も起こっています。2005年の漣川軍部隊銃乱射事件では、上等兵のいじめを受けていた一等兵が手榴弾と銃で兵舎を襲い、10人が死傷しました。2011年には江華島海兵隊銃乱射事件が起き、4人が死亡しています。主犯のキム上等兵は、韓国海兵隊の伝統的ないじめである「期数列外」の被害にあっていました。これは、同期からは同期と見なされず、新兵は先輩として遇せず、先輩も後輩として扱わずに孤立させ、集団で無視したりいじめたりする行為を指します。共犯の二等兵も聖書を焼かれたり、殺虫剤をかけて燃やされるなどのいじめを受けていました。この事件をきっかけにセクハラや恐喝、暴力をはじめとした韓国軍内の凄惨ないじめの実態が露見しました。

軍隊内のいじめは多くの自殺も引き起こしています。韓国中央日報日本版は２０１２年、韓国では4日に1人の割合で軍人が自殺しているという衝撃的な事実を伝えています。２００８年から２０１２年の間に３６８人の兵士が自殺しましたが、これは韓国軍兵士の死亡数の３分の２近くにあたります。敵と戦う前に、韓国の兵士は味方に殺されているのです。

日本の自衛隊も深刻ないじめ、セクハラ、自殺の問題を抱えています。自衛官の自殺率は国家公務員のなかでも飛び抜けて高く、２０１２年には79名の自衛官が自殺しています。２００4年、ミサイル搭載護衛艦「たちかぜ」の自衛官が自殺しました。遺書にいじめを受けたことを示唆する内容が書かれていたため、たちかぜ艦内の問題が発覚し、「たちかぜ自衛官いじめ事件」として知られることとなりました。しかし、自衛隊は遺族に対して沈黙を通しました。海上自衛隊はたちかぜ全乗員を対象に暴行や恐喝の有無を尋ねるアンケートを実施し、遺族がアンケート結果の公開を要求した時も、実際は破棄されていないのに、海上自衛隊は「アンケートは破棄した」と回答して隠ぺいを図っています。遺族は、「自殺したのは先輩隊員のいじめが原因で、上官らも黙認していた」と主張し、国と主犯格の二等海曹を相手に訴訟を起こします。横浜地裁が「日常的に殴る蹴るの暴行傷害を加える」「パンチパーマにするように言ったのに短髪にしたことに腹を立て、至近距離からエアガンで数十発撃つ」「立場を利用してアダルトビデオを15万円で売りつける」といったいじめがあったと認定したのは、事件が起

護衛艦・たちかぜ
2009年6月、八丈島南東海域で行われた実弾訓練の標的艦となり撃沈処分された。
photo by OS2 John Bouvia, US Navy 1 July 1990

こって7年も経ってからのことでした。

また、航空自衛隊の女性自衛官が上官から受けたセクハラに対する訴訟において、2010年に札幌地方裁判所で原告勝訴の判決が出ましたが、これは氷山の一角に過ぎません。旧防衛庁（現在の防衛省）が行ったアンケート調査によれば、女性隊員の2人に1人が体を触られ、5人に1人は性的関係を迫られるか、ストーカー行為を受け、13人に1人は強姦の脅威にさらされています。

2012年にサンダンス映画祭で観客賞を受賞した『ザ・インビジブル・ウォー』は、アメリカ軍内の性的暴行を描いたドキュメンタリー映画です。アメリカ空軍の男性の15人に1人、女性の5人に1人が性的暴行の被害者であると言われており、2012年に軍内で起こった性的暴行被害件数は、認知されたものだけでも3400件、望まない性的接触を経験した女性は2万6000人にものぼります。被害者の半数以上を占めているのは18歳から21歳の現役女性兵士で、大半は報復を恐れて届け出ません。届け出た女性の多くが軍を除隊させられ、加害者は処罰されないからです。

## ■軍の閉鎖性が虐待の温床

世界中の軍隊で同じような問題が報告されていることから、虐待、セクハラ、自殺は軍隊という組織と切っても切れない問題だと思われます。軍隊における上下関係や閉鎖性がこれらの問題の温床であるからです。問題を報告すべき上官が虐待やセクハラの加害者である場合、告発者を守ることは至難です。組織の性格上、自力での解決が困難であるのなら、外部の市民社会、報道、司法、議会が関わるべきです。いじめやセクハラがあるという事実は、軍事機密でも何でもありません。私たちが関心を持てば、軍も社会に対する説明責任を意識します。少しでも風通しのよい組織になることが、過ちを修正しやすい組織に変わる一助になると思います。軍で起こっている問題は、決して軍特有のことではなく、社会の縮図です。「私たちには関係ない」という人々の無関心が問題を根深いものにしていることに気づく必要があると思います。

■参考文献
※フランソワ・ペザン著、野口みどり訳「多発する米軍内性暴力」『DAYS JAPAN』Vol.10 No.11 2013 Nov 12-15
※「台湾で兵士集まらず、2.8万人採用予定に志願わずか４６２人」ライブドアニュース
※「軍隊生活の強いストレスが原因か―増加する韓国軍内部のいじめ」週刊金曜日ニュース、２０１１年９月７日
※「米軍で性的暴行３４００件＝オバマ大統領、怒り心頭」共同通信、２０１３年5月８日
※「韓国の軍人、４日間に１人が自殺」韓国中央日報日本版、２０１２年10月１日

# 第5章　レイプ・カルチャーと人道に対する罪

## ■性的暴行は他者の人格を否定するための行為

アメリカ軍が沖縄で未成年者を含む多くの日本人女性を性的暴行し、その加害者が日米地位協定を理由に逮捕・処罰を免れていることは、沖縄県民の怒りを買い、日米関係における大きな障壁となっています。２０１３年5月、橋下徹大阪市長が、在日米軍の高官に「もっと風俗業を活用してほしい」と述べ、相手を凍りつかせました。後日、米国防総省の報道担当者は橋下市長の発言に対して「我々の方針や価値観、法律に反する。我々は地域の人々に敬意を払うよう心がけており、いかなる問題であれ、買春によって解決しようという考えは持っていない。ばかげている」と述べています。しかし、その1ヵ月後、在日米陸軍のマイケル・ハリソン司令官が、陸軍内で起きたセクハラの捜査を怠ったという理由で更迭されました。

軍隊において、その内でも外でも性的暴行は非常に多く、レイプ・カルチャーとでも言うべきものが存在します。学校でいじめ問題が明るみに出た時に、いじめられていた子は性的に侮辱されていたことがしばしば報道されるように、相手の人格を否定する時に、性的な侮辱、攻撃をおこなうのは普遍的に見られます。女性から男性に対して、また、同性から同性に対して行われることもあります。ですから、性的暴行は橋下さんがいうような性欲を満たすための行為では必ずしもなく、他者の人格を否定し、屈辱と苦痛を最大限に与えるための行為です。新兵は入隊すると、厳しい訓練や体罰、繰り返し人前でののしられる屈辱感で少しずつ自尊心を壊されていきます。プライドがない人間は操りやすいからです。他者を否定することで成り立つ組織において、レイプ・カルチャーが存在することは当然の帰結かもしれません。

## ■戦争の手段として組織的に行われる性的暴行

さらに、敵に恐怖を与え、土地から追い出すことを目的に、戦争の手段として民間人に対する性的暴行が組織的に行われています。１９９１年に始まったユーゴスラビア紛争では、性的暴行が横行しました。ハーグ国際刑事裁判所で開かれた旧ユーゴスラビア国際戦犯法廷の裁判記録によると、セルビアはボスニアに民間人女性を集める収容所をつくり、性的奴隷にしていました。ある女性は20日間で１５０回もの性的暴行を受けています。国際刑事裁判所は、これらの性的暴行が組織的であり、敵に恐怖を植え付けるための手段であることに言及しました。紛争当時はセルビア兵による性的暴行に非難が集中しましたが、クロアチアもムスリムも、同じことをしていました。

アフリカ大陸での女性への性的暴行は「民族浄化（エスニック・クレンジング）」と結び付いて、軍事作戦の一部として常態化しています。1990年からのルワンダ紛争において、フツ族がツチ族を大量虐殺しました。犠牲者の数は80万人とも100万人とも言われます。ルワンダ虐殺において、新聞や雑誌といった活字も含むニュースメディアは、殺戮を煽る中心的な役割を果たしたとされます。特に識字率が50％台のルワンダにおいて、フツ族にツチ族殺害、そしてツチ族女性を襲う指示を与えるためにラジオが重点的に用いられました。25万〜50万人もの女性が性的暴行や性的拷問を受け、2000人から5000人が妊娠してHIVを感染させられました。

ルワンダ虐殺がコンゴ戦争の引き金となりました。ルワンダで発生した大量の難民が、ザイール（現在のコンゴ）に流入しました。難民のなかには元ルワンダ軍やフツ系過激派民兵組織も存在し、難民キャンプを見境なく襲撃して状況が悪化したため、外国勢力も交えてのコンゴ戦争が始まったのです。2011年の国連報告によると、コンゴでは年間1万6000人の女性が性的暴行を受けているとありますが、2012年5月の

『ボストン・グローブ』紙は、国連報告の26倍にあたる年間42万人、実に1日に1152人、1時間で48人がレイプされていると伝えています。これはアメリカのジョンズ・ホプキンス大学公衆衛生大学院のミッシェル・ヒンディン教授によるものです。同大学院は世界の公衆衛生学の研究施設としてレベルの高さに定評があり、この数字が最も真実に近いと思われます。レイプされるだけでなく、恐怖によって地域を破壊するために、女性たちは唇を切り取られたり、手足や指を切断されたり、重度の火傷を負わされます。HIVに感染させられ、妊娠させられます。

スーダン西部で起きたダルフール紛争では、2003年の衝突以降、スーダン政府に支援されたジャンジャウィードと呼ばれる民兵が組織的に性的暴行を行い、指や手足の切断などの残虐行為が行われました。1989年から2003年まで続いたリベリア内戦でも女性の75%が性的暴行を受けたという調査があります。人間はこれだけ残酷なことができるのかと暗澹たる気持ちになります。

もちろん、残虐行為がただ見過ごされているわけではありません。国際刑事裁判所は、戦場における組織的な性的暴行を「人道に対する罪」として裁く方針を明示しています。実際に、民間人に対する性的暴行と残虐行為がユーゴスラビア国際刑事裁判所、ルワンダ国際刑事裁判所、シエラレオネ特別法廷といった国際刑事裁判で、人道に対する罪として有罪を宣告されました。「戦場では、何でもやりたい放題ではない、数十年たっても逮捕され、国際法で処罰される」という事実を積み重ねていくことには大きな意味があります。

コンゴ戦争で組織的な性的暴行が繰り返されていることに対して、2009年8月、ヒラリー・クリントン元米国務長官は、コンゴのゴマ市で組織的な性的暴行を強く糾弾する声明を出しました。また、2013年6月、ハリウッド女優のアンジェリーナ・ジョリーさんは、国連安全保障理事会で、世界中の紛争で数十万人の女性が性的暴行を受けており、紛争下での性的暴行に対応することを怠っていると国連安保理を批判しています。

しかし、依然として性的暴行がなくなる気配はありません。「人間は他者を否定する際に、性的虐待をおこなう」という人間の暗い側面、そして、「軍隊には、明らかに人間の暗い側面を増強するような組織的な性質がある」ということを率直に認めて、それを前提に社会制度を立て直すべきだと思います。どうして私たちは悲劇から学ぶことができないのでしょうか。

■参考文献

※ジョン・ヘーガン、坪内 淳、本間 さおり『戦争犯罪を裁く―ハーグ国際戦犯法廷の挑戦』ＮＨＫブックス２０１１年5月
※オビジオフォー・アギナム「戦争の兵器としてのレイプとＨＩＶ」『HIV/AIDS and the Security Sector in Africa（アフリカのＨＩＶ／ＡＩＤと安全保障セクター）』国連大学出版部２０１２年7月
※1,152 Congolese raped daily, study finds - The Boston Globe　２０１２年5月11日
※ヒラリー・クリントン「ゴマで見たもの」『アメリカン・ビュー』２０１０年5月1日
※「クリントン長官のコンゴ訪問顛末記、『魔法のつえなどない』」２００９年8月12日
※「Ａ・ジョリーさん、国連安保理で突然のスピーチ 戦時下の性的暴力への対応求め」『ＡＦＰＢＢニュース』２０１３年6月25日
※「米国防総省『ばかげている』 橋下氏の『風俗業』発言に」朝日新聞デジタル２０１３年5月14日10時22分

# 第6章　子ども兵士

２０１４年5月現在、南スーダンに日本の自衛隊が派遣されています。２０１４年4月21日の朝日新聞では、陸上自衛隊の隊長が正当防衛なら射撃を許可していたことが報じられていますが、南スーダンは、「子ども兵（チャイルド・ソルジャー）」が軍隊の中心です。２０００年、シエラレオネ内戦で、国連平和維持軍が子ども兵部隊であるウエストサイド・ボーイズに人質にとられました。イギリスの特殊部隊ＳＡＳはバラス作戦において人質を解放しましたが、この時、数十人の子ども兵を死傷させています。南スーダンで日本の自衛隊が子ども兵と交戦することは十分に考えられますが、実際に彼らを前にした時、複雑な気持ちになることは否めないと思います。

第一章で各国の徴兵制度を取り上げましたが、アフリカには言及しませんでした。というのは、アフリカでは子ども兵というこれ以上ないほど異常な募兵制度が広がりつつあるからです。日本でも学徒出陣で未成年者を兵士としてきた過去がありますが、現在、アフリカを中心に世界中で問題になっている子ども兵の問題は、規模においても残酷さにおいても比較できません。子ども兵には、少年だけでなく少女も多く含まれます。少女たちは性奴隷としても利用されています。

## ■シエラレオネ内戦

子ども兵の問題が大きく取り上げられるようになったのは、シエラレオネ内戦やリベリア内戦の時です。シエラレオネ内戦では、ダイヤモンド鉱山の支配権をめぐって政府軍と反政府組織・革命統一戦線（ＲＵＦ）が争い、大規模な内戦に陥りました。

ＲＵＦを率いたアハメド・フォディ・サンコーには何の大義もなく、ダイヤモンドという利権のためだけに子ども兵を使って戦争をしていました。新兵を徴収するために村を攻撃し、10歳前後の子どもたちを拉致します。そして、銃で脅し、自分の両親や近所の人たちへの手足の切断や拷問に加わらせます。自分の村で残虐行為をさせることによって、子どもたちの帰る場所をなくすためです。身体にＲＵＦとナイフで刻み込まれた子どもたちは、ＲＵＦの兵士であることが一目でわかるため、脱走してもどの村にも受け入れてもらえません。暴力を振るわれ脅されて、子どもたちは残虐行為を行わせられます。食糧や弾薬はすべて村を襲って略奪し、調達後は、その村が敵に利用されないように焼き払います。マリファナやコカイン、ヘロインを常用させられて、洗脳されます。いままでの名前は捨てさせられ、「マッドドッグ（狂犬）」といった新しい名前が与えられます。これらを何年も繰り返すことで、子どもたちは人間の心を捨てていきます。

子ども兵を使っていたのはRUFだけではありません。シエラレオネ内戦では、政府軍も含めたすべての軍が子ども兵を利用しました。２００７年にアメリカでベストセラーとなった『戦場から生きのびて ぼくは少年兵士だった』の著者、イシメール・ベアさんは、シエラレオネ政府軍の子ども兵でした。ベアさんは13歳の時に自分の住む村を焼かれて家族と離散し、何ヶ月も流浪後、ようやく見つけた家族を殺されました。そして復讐と自分を守るために政府軍の子ども兵となりました。マリファナとコカインを支給され、捕虜を殺し、拷問し、略奪しました。15歳のときにユニセフに救出され、首都フリータウンのリハビリ施設に入りましたが、洗脳はなかなか解けません。自分を救おうとするリハビリ施設の職員を袋だたきにして脱走します。幸い、ベアさんは自分を引き取った親類から愛情をそそがれたことから更正し、数々の幸運に恵まれてアメリカに移住しましたが、ベアさんの本を読むと、子ども兵は深刻なＰＴＳＤ（心的外傷後ストレス障害）に苦しめられ、一般社会に戻すためのリハビリはかなり難しいことがわかります。

『両手を奪われても―シエラレオネの少女マリアトゥ』の著者、マリアトゥ・カマラさんは、子ども兵に襲われた被害者です。カマラさんは12歳の時にＲＵＦに村を襲われ、子ども兵に両手を切断されました。その時、カマラさんは妊娠中でした。難民キャンプで物乞いをしながら出産した赤ちゃんは数ヶ月で亡くなりました。

信じがたいことですが、ＲＵＦには「手切断班」や「住居放火班」などの民間人向けの残虐行為専門の特殊部隊があったことが、人権団体ヒューマン・ライツ・ウォッチによって報告されています。それによると、二歳にもならない赤ちゃんでさえ、手を切断されていました。ある小さなクリニックでは、１９９９年1月だけで3歳から15歳の21人の子どもが手を切断されました。そのうち5人は3歳から5歳でした。

シエラレオネには子ども兵に両手を切断された人がたくさんいますが、この「手を切断する」という行為は、アフリカが植民地だったころ、ベルギーなどヨーロッパ人がアフリカ人に行った残虐行為を真似たものだと言われています。ベルギーの国王・レオポルド二世は、コンゴを支配していた時に、天然ゴムや象牙のノルマを達成できないと、黒人たちの手足を切断するという残虐な方法で植民地を支配していました。現在、アフリカ中の紛争地域に手足切断が広がっているのは、この時の名残なのです。

## ■ウガンダの「神の抵抗軍（ＬＲＡ）」

ウガンダの反政府武装勢力、神の抵抗軍（ＬＲＡ）も子どもに対する深刻な犯罪を繰り返しています。１９９６年にはウガンダ北部のアボケ地方にあるセント・メリー・カレッジの13歳から16歳の女子学生、１３９人がＬＲＡに誘拐されました。修道女の交渉によって１０９人は解放されましたが、30人が拉致されました。そのうち2人は殺され、その他の少女たちは強制的にＬＲＡの兵士たちと結婚させられました。２００９年に最後の１人が赤ちゃんとウガンダに帰国しましたが、その子の父親はＬＲＡのリーダーであるジョゼフ・コニーでした。

ＬＲＡの活動地域に暮らす人々は、夜に村が襲われて子どもたちが拉致されることを恐れて、夜になると周辺の村から何万人もの子どもたちが市の中心街に集まり、路上で寝ます。「ナイトコミューター（夜の通勤者）」と呼ばれるこの子どもたちは、まだ朝暗いうちに起きて、何キロも歩いて村に帰っていきます。

## ■イスラエル軍に拘束されるパレスチナの子どもたち

ユニセフの報告によると、イスラエル軍は、過去十年間に12～17歳のパレスチナ人の未成年者７０００人を逮捕、尋問、起訴しました。大半は少年で、毎日平均２人が拘束されていることになります。２０１３年１月末の時点で２３３人のパレスチナ人の子どもがイスラエル軍に拘束されており、うち31人が16歳未満です。

イスラエルに対する大規模な抵抗運動（インティファーダ）では、子どもたちがイスラエル兵に投石します。それに対して、イスラエル兵は子どもを逮捕して軍事法廷で裁判を行います。12歳ぐらいなら禁錮６ヶ月が最高刑ですが、14歳以上になると最高で禁錮20年の判決となる可能性があります。子どもたちは手錠、足かせ、目隠しをされて軍用車に放り込まれます。尋問中は殴打され、睡眠を奪われ、読めないヘブライ語の文書にサインさせられます。２０１３年7月12日には、5歳のパレスチナ人の男の子が逮捕されました。泣き叫ぶ男の子を連行する銃を持ったイスラエル兵の姿が世界中に報道されました。

## ■世界中に広がる子ども兵

子ども兵は、1990年代以降、世界中に広がっています。政府軍も子ども兵を利用していますが、反政府組織同士の合同訓練によって、その残酷な手口が組織から組織へと伝えられていったと考えられています。アムネスティの資料では、現在、19ヵ国で25万人以上の少年や少女が、強制的に武器をもたされ、兵士として徴用されているとあります。

戦争時、性的暴力は増加しますが、洗脳されている子ども兵はより残酷なことをします。ピーター・シンガーは「戦場に子どもたちがいると、性的暴力も増える。たとえば、シエラレオネでRUFの若い戦闘員と遭遇した女性の53%が、レイプもしくはなんらかの性的暴力を経験、約33%が集団レイプの被害にあっている」と述べています。

子ども兵がなくならない理由の一つに、子どもでも扱える小型で軽量な武器が大量に紛争地域に流れ込んだことがあります。また、貧困や暴力の連鎖によって、軍でしか生きていけない子どもの増加があります。救出されても洗脳が解けずに軍に戻ってしまう子どもたちや、拉致された時に故郷の村で残虐行為を強要されたために、故郷に帰ることができない子どもたちがいます。戦争が起きると孤児が発生しますが、子ども兵が当たり前となってしまった国では、困窮して流浪する子どもたちも、子ども兵ではないかと疑われて助けてもらえないことがあります。

現在戦闘に加わっている子ども兵は、そもそも誘拐された犠牲者であるということが問題を一層複雑にしています。ウガンダの反政府組織・ＬＲＡは、近隣諸国に逃亡しながら周辺の村を襲撃し、子どもを誘拐し、食糧や弾薬を略奪するということを20年も続けているため、犠牲者が次の加害者となって、新たな犠牲者を生み続けています。

## ■子ども兵という鏡が映す現代社会

子ども兵の現実は、戦争の裏側にある経済利権と、経済利権を握る人々による情報操作という現実を浮き彫りにします。

一般に、第二次世界大戦はアメリカ・ソ連・イギリス・フランスなどの連合国と、日本・ドイツ・イタリアのファシズム枢軸国との戦いであったとされていますが、とどのつまりは先の第一次世界大戦も含めて、植民地や資源をめぐる争いでした。

冷戦がはじまると、共産主義・社会主義を標榜するソ連・中国・東欧と、資本主義を標榜するアメリカを中心とした国々の間で、東西はイデオロギーで二分されました。しかし、これもイデオロギーという仮面をつけた勢力争いに他なりません。冷戦が終結して市場経済が優位になると、これまでイデオロギーで隠されていた資源獲得競争という戦争の本質が露骨に表れるようになりました。

シエラレオネ内戦はダイヤモンドを争って起こりました。コンゴ内戦で争われたのはダイヤモンドやレアアース資源でした。特にタンタルは携帯電話やパソコンのコンデンサに使用されるため需要が高く、タンタルを巡る争いは「プレイステーション戦争」と呼ばれました。コロンビアでは麻薬やエメラルド、ミャンマーではルビーなどの利権がからんでいます。これらの反政府武装組織のリーダーは「ウォーロード（戦争王）」や「ドラッグロード（麻薬王）」と呼ばれていますが、本質を表していると思います。どれもカネのために引き起こされた戦争です。

## ■人間の洗脳されやすさが、戦争を可能にする

このような「大義なき戦い」に、失うものをたくさん持っている大人を動員することは

骨が折れます。だから子ども兵を使うのです。暴力と脅しと麻薬によって洗脳された子ども兵は、大人以上の残虐行為を働きます。若い時のほうが洗脳は容易で、普通の子どもがほんとうにわずかな時間で兵士になっていきます。しかも、その洗脳はなかなかとけません。子ども兵という現実から学ぶべきことは、「人間を情報操作して操るのは容易である」という事実です。大人も含めて、この「人間の洗脳されやすさ」が、戦争を可能にしています。

太平洋戦争の時、日本の人々は教育で国のために死ぬように洗脳され、新聞やラジオに煽られて出兵し、心身に一生消えない傷を負い、親族、友人、自分の命を失いました。戦争に反対する声は暴力で弾圧されました。アフリカの子ども兵たちが麻薬漬けにされたように、日本でも士気向上や疲労回復の目的で軍民問わず、当時合法とされた覚せい剤の錠剤を使用していました。これらは財閥や上流階級の利権を守るため、または、彼らが新たな利権を獲得するために行われたのです。

アメリカやドイツも事情は同じです。第二次世界大戦時、アメリカの市民にとって、ヨーロッパ大陸の戦争から得られるどんな利益があったでしょうか。ドイツの国民にとって、イタリア軍の援軍としてリビアで命を落とすことに何の意味があったでしょうか。それなのに、アメリカ人もドイツ人も、学校で教育されたことや、新聞やラジオなどのマスメディアに騙されて、進んで戦争にいったのです。

資源獲得のために、世界各地で戦争が繰り返されますが、一般の人々が恩恵を受けることは決してありません。しかし、人々は政府側と反政府側で憎みあうように仕向けられ、何の意味もない戦いに巻き込まれて一生癒えない傷を負うのです。

操る側の人間が前線に出ることはありません。操られ、前線に送られる側の私たちは、戦争は経済利権のために行われること、そして利権を握る人々によって簡単に操られてしまうということを忘れてはいけないと思います。

■参考文献

※「陸自ＰＫＯ隊長が射撃許可　南スーダン『正当防衛なら』」朝日新聞、２０１４年４月20日
※「南スーダン、内戦に９０００人以上の少年兵 国連」ＡＦＰ通信、２０１４年４月30日
※イシメール・ベア著、忠平美幸訳『戦場から生きのびて ぼくは少年兵士だった』、河出書房新社 ２００８年2月
※マリアトゥ・カマラ、スーザン・マクリーランド著、村上利佳訳『両手を奪われても―シエラレオネの少女マリアトゥ』汐文社２０１２年12月
※「Sierra Leone　Getting Away with Murder, Mutilation, Rape New Testimony from SierraLeone」Human Rights Watch, July 1999, Vol.11 No3（A）
※落合雄彦「シエラレオネ紛争における一般市民への残虐な暴力の解剖学―国家、社会、精神性―」武内進一編『国家・暴力・政治―アジア・アフリカの紛争をめぐって―』アジア経済研究所、２００４年。
※アムネスティインターナショナル日本著『子ども兵士―銃をもたされる子どもたち（世界の子どもたちは今）』リブリオ出版 ２００８年10月
※Peter Warren Singer 著、小林由香利訳、『子ども兵の戦争』、日本放送出版協会、２００６年６月
※Rachel Brett Margaret McCallin 著、渡井理佳子訳『世界の子ども兵―見えない子どもたち』新評論、

２００２年7月
※「イスラエル軍がパレスチナ人未成年者を虐待、ユニセフ報告」ＡＦＰ通信、２０１３年03月07日
※「Israeli Army Detained 5-Year-Old Palestinian Boy, Rights Group Says」The Huffington Post,07/12/2013

# 第7章　9・11後の愛国者法が生んだ監視社会

## ■世界中で行われる監視

「基本的人権と自由を守る英雄」か「国の安全を危機にさらした売国奴」か。今、世界で最も賛否の別れる人物の1人がエドワード・スノーデンさんです。中央情報局（ＣＩＡ）と国家安全保障局（ＮＳＡ）の元局員であるスノーデンさんは、アメリカやイギリスの諜報機関による監視社会の構築、特にインターネット監視の実態を告発しました。そのなかには重要なことがいくつも含まれています。

### 世界中で通信記録を集める監視プログラム

第一に、アメリカ国内を含む世界中で通信記録を集める「Boundless Informant（無限の情報提供者）」と呼ばれる監視プログラムが、ＮＳＡには存在します。世界中のインターネットや電話などの通信記録数が世界地図上に表されるこのツールは、メールがどこか

ら発信されたのか、誰とコンタクトしたのかなどのメタデータを収集します。その数は２０１３年３月だけで９７０億件、アメリカ国内でも30億件にのぼります。

## 通信やＩＴ企業が通話情報を提供

第二に、アメリカの通信やＩＴ企業が情報提供に協力していたことです。アメリカで最も多くの加入者数を持つ携帯電話会社、ベライゾン・ワイヤレスをはじめ、大手通信業者が電話傍受に協力していました。外国諜報活動調査法によって作られた秘密連邦裁判所、ＦＩＳＡ（Foreign Intelligence Surveillance Court）の命令を受けて、ＮＳＡに通話情報を提供しています。この命令では、米国内同士の通話に加え、米国と海外との通話の記録を１日単位でＮＳＡに提出することが求められています。通話記録は、通話者の名前、住所、通話内容は含まれず、電話番号や通話時間、通話者の位置情報などのメタ・

データが対象です。

また、NSAが2007年から運営する極秘の通信監視プログラム、プリズム計画が明るみに出ました。これは、マイクロソフト、グーグル、ヤフー、フェイスブック、アップル、AOL、スカイプ、ユーチューブ、パルトークという誰もが知っている9つのIT企業の協力のもと、電子メール、チャット、ビデオ、写真、ファイル、ビデオ会議など多岐にわたる情報をNSAが収集することが目的です。NSAは各サーバーに直接アクセスして情報を収集することも明らかになっています。アメリカ政府は、プリズムは外国のテロ活動を防止するためであり、アメリカ人を対象としていないと釈明しています。

## 外国へのサイバー攻撃

第三に、NSAが外国に対してクラッキングを行っていたことです。クラッキングとは、ネットワークへの不正侵入、システムの破壊、改ざんなど、コンピュータを悪用することです。スノーデンさんは香港の新聞『サウス・チャイナ・モーニング・ポスト』のインタビューで、NSAは世界中で6万1000件以上のハッキングを行っており、中国や香港でも数千回ものサイバー攻撃を行っていることを暴露しました。アメリカ政府は当時、中国政府がアメリカに対してクラッキングやサイバー攻撃を行っていると非難していましたから、この事実に中国や香港の市民は激怒し、ネット上に「アメリカが中国をサイバー攻撃で非難するのは、泥棒が泥棒と叫んでいるのと同じだ」という書き込みが相次ぎました。

## 同盟国に対する監視網

第四に、同盟国に対する監視体制です。アメリカが監視の対象から外しているのはイギリス、カナダ、オーストラリア、ニュージーランドという旧イギリス連邦の英語圏国家のみで、アメリカの情報収集は同盟国に対しても行われています。

２０１３年６月、ＮＳＡがブリュッセルのＥＵ議会にサイバー攻撃を仕掛けたこと、そして、ドイツはアメリカからサイバー攻撃の対象である「三級パートナー」扱いされており、サウジアラビアやイラクと同様に監視対象であることが、ドイツの『シュピーゲル』誌で報じられました。ドイツと英米の関係は悪化し、同年８月２日に、ドイツは１９６０年代に結ばれた英米との情報監視協定を破棄しました。

２０１３年７月、アメリカ政府がブラジルの電話や電子メールを傍受していたことが、ブラジルの『グロボ』紙で報じられました。２０１３年1月の1ヵ月だけでブラジルで23億件の情報が収集されていました。

２０１３年9月には、メキシコのペニャ・ニエト大統領やブラジルのルセフ大統領の電子メールや携帯電話が傍受されていることが明らかにされました。ルセフ大統領は十月末に予定されていた訪米とオバマ大統領との会談をキャンセルし、9月23日に開催された国連総会で、アメリカによる盗聴と監視を非難する演説を行いました。さらに10月8日、カナダ政府がＮＳＡの監視システムを通じて、ブラジルのエネルギー省に対して行った経済スパイ行為を非難して、カナダ大使に公式に説明を求めました。ブラジル政府は10月14日からアメリカの盗聴と監視を防ぐために、独自に開発した電子メールシステムの運用を開始しています。アメリカとブラジルの二国間関係は悪化しつつあります。

## 英国による情報収集

第五に、英国による情報収集です。スノーデンさんは、イギリスの政府通信本部（ＧＣＨＱ）が海底通信ケーブルから通信情報を収集していたことを伝えています。「テンポラ（Tempora）」という暗号で呼ばれるこのプロジェクトは２０１１年から行われており、電子メールの内容や通話記録、ウェブサイトへのアクセス履歴など個人情報を幅広く収集し、情報はＮＳＡとも共有されていました。その規模は、１日あたり約６億件と言われており、スノーデンさんはテンポラについて、「人類史上、紛れもなく最大の監視計画」であり、「奴ら（ＧＣＨＱ）は、アメリカよりも悪い」と語っています。

また、２００９年、イギリスで開催された20ヶ国・地域首脳会合（Ｇ20）において、イギリスは偽のインターネットカフェをつくり、トルコやロシアなど世界各国の外交官のメールやパスワードを盗んでいることも明らかになっています。

## 自由を求めて「米国へ亡命」する時代から「米国から亡命」する時代に

すべてのメールやＳＮＳ通信、電話、クレジットカードの暗証番号まで監視される社会では生きていたくない、真実を告発する人たちに勇気を与えるために行った、と内部告発をした理由を述べるスノーデンさんでしたが、告発後は命がけの逃亡を余儀なくされ、各国政府を巻き込んでの大騒動となりました。

アメリカ司法省はスノーデンさんを数十件の容疑で刑事訴追することを決め、当時スノーデンさんが滞在していた香港に身柄の引き渡しを求めました。６月23日にスノーデンさんは飛行機でモスクワのシェレメーチエヴォ国際空港に移動しましたが、アメリカ司法省がパスポートを失効させたため、空港で身動きがとれなくなりました。

この時期、スノーデンさんはエクアドルかベネズエラに亡命すると考えられていたため、アメリカ上院議員はエクアドルに対して、もしスノーデンさんを亡命させたら対エクアドル最恵国待遇を破棄することを示唆します。このアメリカの脅しに猛反発したエクアドルは、年間23億ドルの利益を得ていた対米最恵国待遇の協定の一方的破棄を宣言し、利益分にあたる23億ドルをアメリカ国内の人権状況の改善のために寄付すると発表しました。

「スノーデンがモスクワからキューバやエクアドル、ベネズエラに飛行機で向かうなら、アメリカ近辺の空域で戦闘機でインターセプトして強制着陸させる」と息巻く元CIA職員の言葉が2013年7月3日、現実となりました。モスクワを訪れていたボリビアのモラレス大統領が帰国途中、オーストリアのウイーンで強制的に緊急着陸させられました。大統領専用機にスノーデンさんが乗っているのではないかと疑われたからです。イタリア、フランス、ポルトガルが上空通過を拒否し、ウイーンで飛行機のなかを捜索され、スノーデンさんが乗っていないことを確認した後、ようやくモラレス大統領の飛行機はボリビアに帰国できました。ボリビアは関係国に猛抗議をして、フランスはボリビアに謝罪しています。

8月1日、ロシアが人道的理由からスノーデンさんに1年間の亡命を認めました。ロシアの亡命容認は、「新冷戦」という言葉がメディアにしばしば登場するほど、アメリカとロシアの関係を冷え込ませました。

スノーデンさんだけでなく、スノーデンさんの関係者も英米のインテリジェンス・コミュニティーから猛攻撃を受けました。2013年8月8日、スノーデンさんが使っていたメールサーバー会社「ラヴァビット」のサイトが突然閉鎖されました。ラヴァビットのオーナーであるレイダー・レヴィソンさんは「なぜ会社をたたみサイトを閉鎖するかを説明することは違法なのでできない。アメリカ合衆国政府に関係ある企業に自らのプライバシーを少しでも委ねるな！」というメッセージを残し、波紋が広がりました。

2013年8月19日には、スノーデンさんの告発を最初に報じた『ガーディアン』紙のグレン・グリーンワルド記者の私生活でのパートナー、デービッド・ミランダさんがロンドン・ヒースロー空港で8時間に渡って不当に拘束されました。ミランダさんはノートパソコン、携帯電話、ＵＳＢメモリーを押収されました。

同じ8月19日にガーディアン紙の編集長であるアラン・ラスブリッジャーさんは「英当局者に先月、機密文書を差し出すよう言われた」とウェブサイトで発表しました。GCHQの「情報専門家」2人が、ロンドンにあるガーディアン紙の事務所を訪れ、事務所地下にあったスノーデンさんから入手した情報が保存されているコンピューターを破壊しました。

NSA高官の犯罪の証拠を隠滅するためにNSAが総力を挙げて主人公を追い詰めていくウイル・スミス主演のサスペンスアクション映画、『エネミー・オブ・アメリカ』を見た時に、こんなに執拗な監視システムは映画のなかだけだと思っていましたが、スノーデンさん1人を逮捕するためにアメリカが行ったことは、映画をはるかに上回っていました。スノーデンさんの告発がいかにアメリカにとって手痛いものだったのかがわかります。

もっとも他の国々が諜報活動と無縁というわけではありません。ドイツとロシアもインターネットを監視しており、中国のそれは「サイバー万里の長城」と呼ばれています。フランスの体外治安総局（DGSE）は、外国だけでなく、フランス国内の通信をも監視するシステムを構築していたことが、2013年7月5日、『ル・モンド』紙によって報道されています。

## ■治安維持のためなら何をしても許されるのか

ＮＳＡによる監視プログラムが大きく前進したきっかけは、９・11同時多発テロ事件後に成立した「愛国者法」でした。国内外のテロと戦うために、政府の権限を大幅に拡大させることが目的で、外国諜報機関やテロ組織の電子メールや電話などの通信の傍受、監視命令や操作令状を裁判所が出すことを可能にしています。「テロとの戦い」のために個人を監視することにお墨付きを与えるこの法案は、その内容の重大さにもかかわらず、２００１年10月23日に下院に提出されてから、わずか2日で上院も通過し、26日にはブッシュ大統領が署名するという異例のス

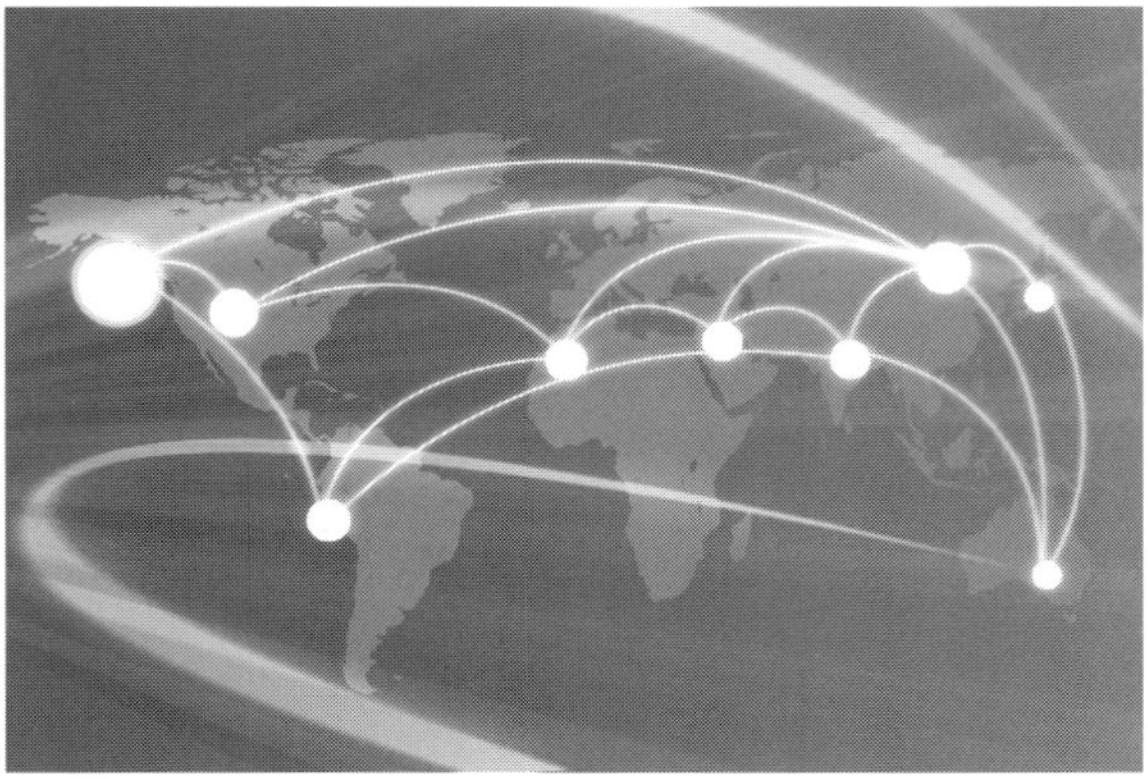

ピードで成立しています。

治安維持というもっともらしい理由で、世界各国で監視が正当化されていますが、本当の目的は明らかに別の所にあります。その一つは、世論操作のためです。

政治学者のハロルド・ラスウェルは「自由な意見が許されることの方が、それを支配する力が乱用されることよりも大きな危険となるから、世論操作は戦争において不可欠である」と述べています。今はインターネットがあるから、テレビや新聞しかなく、外国の報道に触れることが稀だった時代に比べれば、まだましだという意見もあります。しかし、ネット企業は政府に協力して、情報のすべてを渡しています。政府に不都合な存在だと見なされたら、個人が特定され、実生活が脅かされるのはたやすいことです。メールが使えなくなる、クレジットカードが使えなくなる、ホームページが消える、職場やネット上で悪意のあるうわさを流される、軽微なことで逮捕される……、これらはすでに現実で起こっています。検索一つとっても、政府や大企業に不都合な項目は上位に表示されにくくなっています。

私たちが自国のメディアから受け取る情報は、政府の思惑でかなり歪められています。控えめに言っても誘導されています。なのに、常に「正解」を求めがちな日本人は、新聞やテレビで報じられることが「真実」だと思い込み、「この事件はこういうふうに解釈してほしい」という政府の願望に同調していきます。日本のメディアでは報道されないことが欧米のメディアで報道されていることについて、さすが欧米のメディアは機能していると錯覚しがちですが、実態は五十歩百歩と言った所です。

一連のスノーデン事件が報道される際、日本を含む多くのメディアは「スノーデン容疑者」と犯罪者扱いでした。『ガーディアン』、『ワシントンポスト』、『グロボ』、『シュピーゲル』、『ル・モンド』などわずかなメディアはスノーデンさんの告発にＮＳＡやＣＩＡの監視は民主主義を脅かす脅威であると素早く反応し、多くの記事を掲載しましたが、それらと比較すると、その他のメディアがスノーデン事件報道におよび腰になっているのがはっきりと感じ取れました。アメリカ軍はスノーデン事件に関する情報を一切遮断し、アメリカ軍のパソコンではスノーデン事件について見ることができませんでした。これは極端な例だとしても、欧米のメディアもかなりの度合いで政府の情報操作に利用されているのです。

スノーデン事件を追う時に貴重な情報源となったのは、ロシアの政府系新聞『ヴォイス・オブ・ロシア英語版』や中国の人民日報の英語版『グローバル・タイムズ』でした。もちろんこれらもロシア政府や中国政府の意向をかなり汲んだ報道をしていると考えられますが、西側世界に不都合なことを知るのに、ロシアや中国、イラン、中南米諸国といった反アメリカ的な価値観を持つ国の報道と比較するのは有効です。逆にロシアや中国に不都合なことは、西側の報道が参考になります。一般市民が判断できるだけの情報を集めるためには、できるだけ多言語、多様な価値観に触れることです。

■参考文献

※Glenn Greenwald, Ewen MacAskill Laura Poitras「Edward Snowden: the whistleblower behind the NSA surveillance revelations」The Guardian, ２０１３年6月10日

※「米当局のネットデータ収集は『自由を破壊』　情報源名乗り出る」ＣＮＮ、２０１３年6月10日

※「米政府が電話会社から全国民の全通話記録を毎日回収している疑惑発覚。元ＮＳＡ職員『全社やってる』」ギズモード・ジャパン、２０１３年6月8日

※Rebecca Shapiro「米国の大規模ネット監視『ＰＲＩＳＭ』：内部告発者が判明」The Huffington Post、２０１３年6月10日

※SIOBHAN GORMAN, ADAM ENTOUS, ANDREW DOWELL「米ＮＳＡ、大規模データの分散処理ソフトで情報収集拡大」The Wall Street Journal、２０１３年6月10日

※KIM ZETTER「米国情報機関に攻め込んだ『究極の内部告発者』」、ワイアード、２０１３年6月11日

※Alan Travis, Spencer Ackerman and Paul Lewis「Europe warns US: you must respect the privacy of our citizens」The Guardian,　２０１３年6月11日

※Ewen MacAskill, Tania Branigan「Edward Snowden vows not to 'hide from justice' amid new hacking claims」The Guardian, ２０１３年6月12日

※「'What a hypocrite': Chinese bloggers lash out at US after Snowden revelations.」South china morning post（南華早報）、２０１２年６月13日

※Ewen MacAskill, Nick Davies, Nick Hopkins, Julian Borger and James Ball「GCHQ intercepted foreign politicians' communications at G20 summits.」The Guardian, ２０１３年６月17日

※Fiona Harvey「NSA surveillance is an attack on American citizens, says Noam Chomsky.」The Guardian, ２０１３年６月19日

※Jakob Augstein「Obama's Soft Totalitarianism: Europe Must Protect Itself from America.」Spiegel online ２０１３年６月17日

※Christian Stöcker「Global Surveillance: The Public Must Fight for its Right to Privacy」Spiegel online ２０１３年６月24日

※「スノーデン問題が英独に飛び火、独政府が英国に説明求める」ロイター通信、２０１３年６月27日

※「エクアドル、米国の関税優遇放棄　ＣＩＡ元職員亡命巡り」朝日新聞デジタル、２０１３年６月29日

※GREGORY FERENSTEIN「スノーデン氏使用のメールプロバイダが突然閉鎖、『アメリカ企業を信じるな』」TechCrunch ２０１３年８月９日

※Adam Goldberg「英当局、ガーディアン紙にディスク破壊を強要」The Huffington Post ２０１３

年8月21日

※「元ＣＩＡ職員提供の機密情報、英当局が破壊を強要＝ガーディアン紙」、朝日新聞、２０１３年8月20日

※「英情報機関が電話盗聴・メール開封…英紙報道」読売ＯＮＬＩＮＥ、２０１３年6月22日

※「英情報機関、光ケーブル傍受＝スノーデン氏また暴露－ガーディアン」時事ドットコム、２０１３年6月22日

※「光ケーブルから情報収集　英当局、メールや通話　米と共有と報道」ＭＳＮ産経ニュース、２０１３年6月22日

※「情報収集暴露：英機関　傍受の通信情報をＮＳＡと共有」毎日.ｊｐ、２０１３年6月22日

# 第8章　原子力帝国の支配

ロベルト・ユンクは、『原子力帝国』のなかで「原子力の開発によって秘密を不可欠とする管理社会となり、全体主義的な国家となる」と警告しました。この「原子力帝国」という言葉はまさしく的をえた表現で、現在、核を保有する国連常任理事国が頂点となって、国境を越えて産業、司法、メディア、学界、資源を支配しています。原子力帝国とは何なのでしょうか。そしてどのように形成されていったのでしょうか。

## ■原子力帝国とは何か マンハッタン計画

私は、マンハッタン計画こそ、人類が原子力帝国への道をあゆみはじめた第一歩だと思います。マンハッタン計画は、第二次世界大戦中、ドイツの核兵器開発に危機感を抱いたアメリカ、イギリス、カナダが核兵器開発のためにスタートさせた秘密プロジェクトで、1945年に広島と長崎に原爆を投下しています。

マンハッタン計画の秘密保持は徹底していました。アメリカの国会議員は誰一人、原爆の製造を知らず、広島に原爆が落とされた時、アメリカ議会は驚きに包まれました。日本への原爆投下を命令したトルーマン大統領でさえ、マンハッタン計画の存在を知ったのは大統領就任後のことでした。マンハッタン計画開始時には副大統領の地位にあり、加えて戦時予算を管理する上院国防調査特別委員会委員長であったにも関わらず、大統領になるまでその存在は知らされていなかったのです。以下、原子力帝国がどのようにその勢力を広めていったかを追います。

## マンハッタン計画から原子力委員会へ

第二次世界大戦が終わり、原子力を軍から民間の手に移行して原子力研究をおこなうために、マンハッタン計画は１９４６年、アメリカ原子力委員会（ＡＥＣ）に改組されました。ただ、名前こそ変わりましたが、核兵器開発を積極的に押し進めることと徹底した秘密主義は忠実に引き継がれました。アメリカ原子力委員会の活動は暗黒の事例に満ちています。

## 太平洋での核実験と被爆被害の矮小化

１９４６年7月、ビキニ環礁で接収したドイツや日本の軍艦を原爆で破壊させるクロスロード作戦を皮切りに、アメリカは数々の核兵器実験を太平洋のマーシャル諸島で行い、一帯の環境を著しく損ねました。

アメリカが行った一連の核実験のなかでよく知られているものに、1952年のアイビー作戦と1954年のキャッスル作戦があります。アイビー作戦は世界初の水爆実験です。水爆・マイクの威力はとてつもないもので、爆発実験後、爆弾が設置されたエルゲラブ島は消滅し、直径1.9km、深さ50mにも及ぶ巨大なクレーターが残されました。

キャッスル作戦・ロメオ実験
Photo courtesy of National Nuclear Security Administration / Nevada Field Office

しかし、アイビー作戦で使用された水爆は重すぎるため、実用兵器としては使用できませんでした。1953年にはソ連も水爆実験に成功し、アメリカは水爆の軽量化を進めます。その成果を試すためにキャッスル作戦が行われました。そのなかの一つであるブラボー実験が成功したことで、実用可能な水爆製造のめどがつきました。しかし、この時、アメリカが危険水域の設定を誤ったため、ロンゲラップ環礁の2万人以上と、日本の第五福竜丸を含む数百隻の漁船が被爆する大事故が起きました。

ロンゲラップ環礁は二度と帰れないほど放射能で汚染されてしまいました。アメリカから派遣された医師たちは、住民のデータはとりますが、治療はしません。甲状腺がんや白血病をはじめとしてさまざまな病気や疾患が多発しているのに、アメリカは現地の住民たちを除染した土地に戻そうとしていました。

被爆した第五福竜丸の乗組員全員が白血球急減、脱毛、吐き気、下痢など深刻な急性放射線障害で入院しました。当時、マーシャル諸島から遠く離れた日本でも放射能を含んだ雨が降り、水や土地を汚染しました。第五福竜丸とは別のマグロ漁船がとってきたマグロから放射能が検出さ

第五福竜丸の船首
Photo by carpkazu, 1 July 2007

れ、海洋や地下に大量廃棄されました。東京の築地市場には原爆マグロ塚が建てられました。

アメリカのコール原子力委員長は「（第五福竜丸の乗組員は）核実験をスパイしていたかも知れない」とスパイ事件として調査を始め、ＣＩＡや公安調査庁は乗組員と家族の身元調査を始めました。半年後に久保山愛吉さんが亡くなった時、日本人医師団は死因を「放射能症」と発表しましたが、アメリカは、最初は「核爆発によるサンゴの破片を吸い込んだための障害」と言い、次に「輸血による肝炎」と言い、いまだに放射線障害と認めていません。久保山さんのご遺体の病理標本もアメリカに送られました。

## エリア51の支配

長い間「宇宙人の死体が隠してある」「ＵＦＯの秘密基地」という噂が飛んでいたエリア51は、実はＵ２偵察機やステルス戦闘機など最新鋭戦闘機や秘密兵器の開発基地でした。コネチカット州と同じくらいの広さを持つエリア51では、１９５５年ごろにはＣＩＡが兵器開発を始めていますが、アメリカ政府はひたすらその存在についてすらあいまいな態度を取り続け、地図にも記載してきませんでした。ＣＩＡがエリア51の存在を公式に認めたのは、ようやく２０１３年８月になってからのことです。ＵＦＯや宇宙人の話は、一般人をごまかすための目くらましでした。

そんな秘密軍事基地、エリア51を支配していたのは、アメリカ軍やＣＩＡではなく、アメリカ原子力委員会でした。当然、エリア51は核兵器開発にも深く関わっています。１９５１年にエリア51に隣接してネバダ核実験場が開かれました。それまで核兵器実験は南太平洋で行われていましたが、実験のたびに1万人以上の人員がアメリカ〜南太平洋間を何度も往復しなければならず、しかも戦争並みの警備体制を必要としました。そこで、秘密保持と効率化のためにネバダ核実験場が作られ、大気圏内核実験や地下核実験が繰り返されました。

アメリカの核兵器開発においては、信じられないようなことがいくつも行われています。１９５０年代に行われた一連の核実験で、原爆爆発直後の爆心地にアメリカ兵たちが突撃する実験が繰り返し行われました。爆心地で兵士が戦えるかどうかを知るためです。25万人もの兵士が被爆したと言われます。さらには、一般のアメリカ国民に対して、プルトニウムやラジウムといった放射性物質を注射する人体実験が繰り返されていました。

しかし、これらのことは当時、決して知られることはありませんでした。究極の軍事機密である核を握る原子力委員会の力は強大で、大統領でさえ原子力委員会が何をしているのか知らなかったのです。１９９４年にクリントン大統領が大統領令によって原子力委員会の秘密データを調査しようとした際にも、エリア51内部の記録は開示されませんでした。

## 広島・長崎の被爆隠しと原子力推進に都合のいい研究結果のねつ造

広島と長崎に原爆が落とされた時の被爆調査において、主要な役割を果たしたのは、原爆傷害調査委員会（ＡＢＣＣ）です。

１９４５年8月6日、広島に原爆が投下されました。１９４５年9月1日には連合国総司令部（ＧＨＱ）はプレスコードを発令し、連合国の利益に反するすべての報道を禁じたため、１９５２年に占領が終わるまで、原爆の被害報道は不可能になりました。一方で、１９４５年 9月6日、マンハッタン計画の副責任者であるトーマス・ファーレル准将が会見を行い「原爆放射能の後遺障害はありえない。すでに広島・長崎では原爆症で死ぬべきものは皆死んでしまい、九月上旬において原爆放射能のために苦しんでいるものは皆無だ」という声明を発表します。

１９４５年11月には原爆被害の医学研究も禁止します。原爆投下の23年後にアメリカは国連に報告書を提出しますが、残留放射能による被害を否定し、生きている被爆者に病人はいないと書かれています。広島で軍医をしていた肥田舜太郎さんは、１９４６年ころに院長から「広島・長崎の原爆被害はアメリカ軍の機密であり、何びとも被害の実際について見たこと、聞いたこと、知ったことを話したり、書いたり、絵にしたり、写真に撮ったりしてはならない。違反したものは厳罰に処す、という厚生大臣の通達があったので、厳重に守るように」という命令があり、そして「医師は患者の情報を別紙に覚え書きして、正規のカルテには何も書かないように、と指示された」と述べています。

アメリカは、１９４５年9月上旬には、陸軍のマンハッタン管区調査団、海軍の放射線研究陣、太平洋陸軍司令部軍医団で広島・長崎の調査を行っています。この原爆投下後一ヵ月の調査の資料解析に日本人の参加は一切認められず、すべての資料はアメリカに送られました。１９４６年11月25日には、マンハッタン計画のオースティン・ブルース、ポール・ヘンショー、ジム・ニールという軍医たちが来日し、「原子傷害調査委員会（ＡＣＣ）」として調査が開始されています。

そして１９４７年1月、マンハッタン計画に関わったジム・ニールを中心に、原爆傷害調査委員会（ＡＢＣＣ）が発足します。ＡＢＣＣは、原爆を作ったマンハッタン計画の後継組織であるアメリカ原子力委員会が資金を提供し、その影響力のもとにありました。

１９４７年３月、ＡＢＣＣが広島赤十字病院に開設されます。そして、１９４８年１月から国立予防衛生研究所がＡＢＣＣに協力を始めます。国立予防衛生研究所は、その医師の多くが生物兵器の研究・開発機関でもあった７３１部隊の元メンバーといういわくつきの研究所です。広島大学の芝田進午教授によると、国立予防衛生研究所の初代から七代目の所長のうち６人が７３１部隊に所属していました。

１９４８年３月から１９５３年にかけて、ジム・ニールたちは原爆被爆者の遺伝的影響や健康調査を行いました。これらの調査では、被爆者に対する治療は全く行われませんでした。被爆者が亡くなると、ＡＢＣＣはアメリカ軍の憲兵を引き連れて遺体を持ち去り、解剖して入手した内臓を資料としてアメリカに送っていました。

ＡＢＣＣは調査前に、原爆による遺伝的影響があると仮定するならば、正常時と比較して、流産、死産、新生児死亡の80％以上の増加、先天異常や奇形の１００％に近い増加を予想していました。これらを確認するために調査が行われましたが、ＡＢＣＣが対象とした妊婦七万例のうち、３分の１しか追跡調査できないという不十分なものでした。男性／女性の性別比以外は統計的有意が確認できず、それ故、数字だけを見ると原爆被爆者の間に生まれた子どもたちに放射線による遺伝的影響はあるともないとも言えないと解釈できる結果になりました。しかし、アメリカ原子力委員会と原爆傷害調査委員会は事前の予想には一切触れずに、不十分な統計結果を根拠に、原爆による遺伝的影響はなかったと大々的に宣伝しました。原爆傷害調査委員会の資金を出し、原子力を推し進めたい原子力委員会の意向に沿ったものであることは明らかですが、後の放射線被ばくの基準はすべて、この調査を基に作られていきます。そして、マーシャル諸島、ネバダ、チェルノブイリ、福島他多くの被曝を余儀なくされた住民に対して、放射能による健康被害はおこらないというロジックが繰り返し使われています。

１９７５年、原爆傷害調査委員会と国立予防衛生研究所は再編され、放射線影響研究所となります。この放射線影響研究所が、チェルノブイリ原子力発電所事故や福島第一原子力発電所事故の被ばく評価で中心的な役割を果たすことになります。放射線影響研究所については、後ほどチェルノブイリ原発事故の所でもう一度触れたいと思います。しかし、放射線影響研究所は原爆を作ったマンハッタン計画の流れを受け継ぐ存在であり、チェルノブイリでも福島でも、原子力帝国を築き上げるうえで不都合な被曝という問題に目をつぶり続けてきた組織です。

## ■アメリカ原子力委員会からアメリカ原子力規制委員会へ

やりたい放題のアメリカ原子力委員会でしたが、原子力の推進と規制という正反対の役割を同時に担うという矛盾を露呈するかのように、原子力産業を監督する責任があるにもかかわらず、不適切に便宜を与えていたことが隠しきれなくなり、世論に押される形でアメリカ原子力委員会は解体に至ります。

これに伴い、１９７５年からアメリカ合衆国原子力規制委員会（ＮＲＣ）が原子力規制の役割を担うことになりました。しかし、名前が変わっただけで本質は変わらないというのが私の印象です。スリーマイル島原子力発電所事故後も、米国内の商業用原子炉の安全運用への配慮は遅々として進まず、ミルストーン原子力発電所での違法運転の内部告発は、ＮＲＣ内で黙殺されています。依然として原子力帝国側であることは疑いようもありません。

ちなみに、アメリカ原子力委員会が担っていた原子力推進の役割は、アメリカ合衆国エネルギー研究開発管理部（ＥＲＤＡ）に移され、１９７７年にアメリカ合衆国エネルギー省に吸収されました。核兵器の開発と管理、原子力エネルギー確保、原子力技術開発などの原子力推進部分はエネルギー省が担っています。そして、ネバダ核実験場や核技術開発の重要な拠点であるロス・アラモス国立研究所、アルゴンヌ国立研究所、オークリッジ国立研究所は同省によって管理されています。マンハッタン計画は、名前は変わっても、依然としてアメリカ軍産複合体の中核であり、冷戦、対テロ戦争を通して今も勢力を拡大し続けているというのが私の認識です。

## ■原子力帝国に対する反旗

1950年代の原子力帝国の拡大を人々はただ傍観していたわけではありません。第五福竜丸事件をきっかけに、世界的な反核運動が展開されていきます。広島と長崎に落とされた原爆の本当の被害はアメリカ軍が報道を禁じたため、日本人は第五福竜丸事件ではじめて核の本当の恐怖を知りました。東京都杉並区の主婦たちが始めた核兵器反対の署名は、日本だけで3158万人、世界で6億人の署名を集めました。これは当時の日本の人口の3分の1強、世界の人口の4分の1にあたります。

1955年には英国の哲学者、バートランド・ラッセルと米国の物理学者、アルベルト・アインシュタインが、核兵器廃絶を訴えるラッセル＝アインシュタイン宣言を発表しました。署名者の大半はノーベル賞受賞者であり、日本の湯川秀樹も名を連ねています。1957年にビタミンCを発見したノーベル賞化学者、ライナス・ポーリングは「このままでは核実験のフォールアウト（死の灰）でがんが激増し、子ども達の先天異常が増えて人類は滅びてしまう」と警告して核実験停止の署名を集め、国連に提出します。

1950年代にネバダ州で超大型の核実験が何度も行われたため、ネバダ州では甲状腺がんや白血病が多発しました。そして、その「死の灰」は遠くニューヨークにまで深刻な汚染をもたらしていました。アーネスト・スターングラスは、ニューヨークの雨水の放射能汚染をきっかけに研究を始め、死の灰によって赤ちゃんが多く死亡していることを突きとめました。ミズーリ州のセントルイスでは、主婦たちが子どもの乳歯を集める運動を始めました。集められた15万本の歯から検出されたストロンチウム90は、子どもの体が放射性物質によって汚染されている証拠となりました。

実は、アメリカ政府内でも1953年という早い段階で、核実験の死の灰によるがん発生の可能性について研究をスタートさせています。1995年までプロジェクトの存在そのものが隠されていた極秘の「プロジェクト・サンシャイン」と呼ばれる研究において、骨に蓄積されたストロンチウム90の量を調べるために世界中から子どもたちの遺骨が集められ、分析されました。そして、1958年には「このまま核実験を続けたら1970年代に子どもの骨に含まれるストロンチウム90はすさまじい量に達し、白血病や骨のがんを発症させる」という結論が出ていました。プロジェクトの研究者たちはアイゼンハワー大統領に大気圏内核実験を止めるよう提言しましたが、アイゼンハワー大統領はこれを退けました。

しかし、世界的な市民運動が反骨の科学者達を後押しして反核運動を盛り上げ、ついに1963年、ケネディ大統領は部分的核実験禁止条約をソ連との間に締結しました。ケネディ夫人は当時妊娠しており、スターングラスの研究を知ったケネディは「未来の子どもたちを助けるため」に条約に調印しました。

## ■原子力帝国の逆襲

野火のように広がる反核運動に危機感を覚えた原子力帝国は、さまざまな手を使ってこれを妨害します。

## 放射能安全説を学会のコンセンサスに

第一に、アメリカ原子力委員会は、放射線の影響を評価する複数の団体に影響力を及ぼしながら、「放射能は安全である」という主張を学会のコンセンサスにすることを画策します。放射線の影響を検証することを目的として国連科学委員会（ＵＮＳＣＥＡＲ）や原子放射線の生物学的影響に関する委員会（ＢＥＡＲ）、国際放射線防護委員会（ＩＣＲＰ）など複数の組織がありますが、実際のところは組織名が違うだけで、なかの人間は常に同じ、原子力委員会のメンバーなのです。ＵＮＳＣＥＡＲのアメリカ代表団は、アメリカ原子力委員会のシールズ・ウオレン、ブルーズ、アイゼンバッドですし、ＢＥＡＲのメンバーはアメリカ原子力委員会のシールズ・ウオレン、ファイーラ、ブルーズ、そして原爆傷害調査委員会のニールでした。

１９５０年、国際放射線医学会議（ＩＣＲ）が組織を再編し、国際放射線防護委員会（ＩＣＲＰ）となりました。ＩＣＲＰは放射線防護に関する勧告をおこなう民間の国際学術組織ですが、再編時に原子力関係者が加わり、ある程度の被曝は正当化されるように積極的に働きかけます。結果、１９５４年は「可能な最低限のレベルに」という被曝低減の原則が、年を経るごとに「実行できるだけ低く」、「容易に達成できるだけ低く」、さらには「経済的および社会的考慮も計算に入れて」という表現が加わり、１９７３年には「合理的に達成できるだけ低く」と安全性が軽んじられていきます。１９５８年には「原子力から得られるメリットを考えれば、デメリットを甘受すべきだ」という「リスク・ベネフィット論」を報告しています。しかし、原子力からメリットを受けるのは原子力を経営している政府と企業だけです。デメリットは一般市民に押し付けられます。

## メディアを使っての情報操作

第二に、メディアを使って世論を自分たちに都合がいいように作り上げていきます。

第五福竜丸後の反核運動でアメリカを刺激したくない日本政府は、政治家、マスコミ、御用学者を利用して、事件の収束を図ります。東京大学の檜山義夫教授は「放射能におびえる『無知』」という一文を朝日新聞で発表し、大阪大学の浅田常三郎教授は「いまの程度の放射能雨なら永久に飲んでも害はないと思う。ラジウム温泉を飲むつもりで飲みなさいとすすめたいぐらいだ」と言いました。

アメリカのＣＩＡは、第五福竜丸後の反核運動や日本の原子力アレルギーをなくすために、読売新聞と日本テレビのオーナーであり自民党議員の正力松太郎を利用します。読売新聞は「誰にでもわかる原子力展」「原子力平和利用博覧会」など原子力の平和利用を前面に打ち出すキャンペーンを行いました。もちろん読売新聞だけでなく、朝日新聞の大熊由紀子記者はじめ、大新聞は原発推進の世論形成の大きな力となりました。政府と大手メディアの癒着は原発導入の時点から始まっており、それはアメリカ政府の意向と密接に関連していました。

## 原子力協定締結による囲い込み

第三に、世界中に原子力協定の網の目を張り巡らせることで、軍事機密に守られた原子力帝国を強化していきました。１９５４年、アメリカで民間の原子炉所有が可能になり、同年六月にはソ連が世界最初の原子力発電所の運転を開始するなど、アメリカとソ連を軸に核兵器開発と原子力発電実用化が加速します。東西冷戦において核の役割は非常に大きく、西側も東側もそれぞれに原子力協定を締結し、核による囲い込みを進めていきました。

原子力協定は、核を平和利用に限定して、軍事転用を防ぐために設けられる法的枠組みです。日本は福島第一原発事故後の現在でさえも、２０１１年5月の日本カザフスタン原子力協定を皮切りに、２０１３年までに韓国、ベトナム、ヨルダン、ロシア、トルコ、アラブ首長国連邦との原子力協定を発効させています。特に安倍首相は原発セールスマンとして頻繁に諸外国を訪問し、原子力協定を締結し続けています。

## ■原子力帝国の頂点に君臨するＩＡＥＡの設立

１９５７年、アメリカが中心となって国際原子力機関（ＩＡＥＡ）が設立されます。「原子力の平和利用」の名のもとに原発が輸出され、世界が軍事機密に縛られた原子力帝国に支配されていくなか、その頂点に位置するのがＩＡＥＡです。

「核の番人」の異名を持つことで、核の拡散を防止する平和的な組織だと思われがちなＩＡＥＡですが、それは正確ではありません。ＩＡＥＡは、アイゼンハワー大統領の「平和のための原子力」提案に基づいて、「原子力の平和的利用を促進する」、同時に「原子力が軍事利用されることを防止する」ことを目的に設立されました。ですから、その本質は原発推進にあります。故に、被ばくの懸念が広がると原発推進という目的が達成できませんから、被ばく問題を抑え込むためにさまざまな手を打ちます。

## 歪められたチェルノブイリ原発事故の健康調査

原発を推進するＩＡＥＡと人々の健康を守るＷＨＯは相反する立場にあります。１９５９年、両者による協定によって、ＷＨＯはＩＡＥＡの合意なしには放射能に関連する健康調査も発表もできなくなりました。ですから、チェルノブイリ原発事故の健康調査もＩＡＥＡの主導で行われました。１９９０年、ソ連政府からＩＡＥＡにチェルノブイリ原発事故汚染地域住民の健康影響と汚染対策の妥当性についての調査要請があったことをうけて、ＩＡＥＡは国際諮問機関を組織しました。委員長には日本の重松逸造が就任します。

広島と長崎の原爆を経験した日本人が委員長を務めるのなら、現状を率直に報告してくれるに違いないと現地では大きな期待が高まりましたが、１９９１年5月に発表された結果は「住民には放射線被ばくによる直接原因と見られる健康障害はなかった」「がんや遺伝的影響の自然発生率が将来発生するとは考えにくい」「甲状腺結節は、子どもにはほとんど見られなかった」「事故後の白血病または甲状腺がんの顕著な上昇は証明されなかった」というものでした。「むしろ、ラジオフォビア（放射能恐怖症）による精神的ストレスの方が問題である」とさえあります。しかし、１９９１年は小児甲状腺がんが急増した時期であり、１９９２年には科学誌『ネイチャー』でもチェルノブイリ原発事故後の小児甲状腺がんの増加が報告されています。

　こうして、ソ連政府の過小被害発表にお墨付きを与えただけに終わったIAEAの調査でしたが、諮問機関の委員長を務めた重松逸造という人物の背景を知れば、その理由がわかります。重松は放射線影響研究所の理事長も務めたことがあります。放射線影響研究所は、不十分な統計結果を根拠に、原爆による遺伝的影響はなかったと大々的に宣伝した原爆傷害調査委員会とそれに協力した国立予防衛生研究所が再編されてできた組織です。原子力帝国の一部が、被曝の影響を正当に評価すると期待する方が間違っています。

　余談ですが、重松の「業績」はすごいです。水俣病健康被害調査団長として「水俣病とチッソの因果関係を示す証拠は見つからなかった」、広島県と広島市が合同で設置した「黒い雨に関する専門家会議」の座長として「原爆の黒い雨の人体影響は見つからなかった」、イタイイタイ病研究班総括委員会会長として「イタイイタイ病とカドミウム中毒の因果関係は解明できなかった」、厚生省スモン調査研究班班長として「スモンはキノホルムとの因果関係はない」という発表を連発しています。戦後の主だった公害事件や薬害事件で、重松は責任者の立場から、例外なく政府・企業に都合のよい結果を発表してきました。重松は日本公衆衛生学会の理事長も務めていましたが、公衆衛生とは人々の健康を守り、増進させるものであるはずです。どうして彼のような人間が日本公衆衛生学会の理事長になれたのか、日本の公衆衛生学は何のためにあったのかと思わずにはいられません。

ＩＡＥＡ調査の後、日本船舶振興会（現・日本財団）によるチェルノブイリ医療協力が行われ、重松逸造、長瀧重信、山下俊一を中心として健康調査が始まります。後の二人は福島原発事故に関連して安全説が唱えられる時、非常によく登場します。

長瀧重信は総理大臣官邸原子力災害専門家グループとして、２０１１年4月15日に首相官邸のホームページに「チェルノブイリ事故との比較」と題した一文を寄せています。そこでは「福島の周辺住民の現在の被ばく線量は、20ミリシーベルト以下になっているので、放射線の影響は起こらない」と明記され、「チェルノブイリと比較して福島は安全である」という見解を示しています。しかし、２０１４年5月のＴＢＳニュースでは「福島県立医科大学で50人の小児甲状腺がんが確定し、これ以外の39人の子どもに疑いがある」と報道されています。ここで言う「確定」とは「手術がすでに終わっている」という意味です。

福島第一原発事故直後に福島県放射線健康リスク管理アドバイザーに就任した山下俊一は、重松と長瀧の直弟子ともいえる存在です。事故後の福島で「放射線の影響は、実はニコニコ笑ってる人には来ません。クヨクヨしてる人に来ます。これは明確な動物実験でわかっています」「国の言うことは正確なんだから、あなたたちは国の言うことに従ってください。私は学者であり、私の言うことに間違いはないのだから、私の言うことをキチッと聞いていれば、何の心配もない」と「大丈夫節」を連発します。資料を読んでいて、どちらがチェルノブイリでどちらが福島なのかわからなくなるほど、登場人物も彼らの言動もそっくりです。当然です、どちらも元をたどれば原子力帝国にいきつくのですから。

しかし、どれだけ「100ミリシーベルト以下なら心配ない」と口にした所で、現実の被害を隠しきれるものではありません。2014年2月に環境省・福島県立医科大学・経済協力開発機構原子力機関が主催した「放射線と甲状腺がんに関する国際ワークショップ」において、「今でも100ミリシーベルト以下は安全だとお考えでしょうか」と問われた山下はこう答えています。「これは一度の被曝で100ミリシーベルトの意味です。（途中略）発がんリスクが増えるのは年間100ミリシーベルト以上だが、100ミリシーベルト以下の環境下に住み続けていいということはあり得ない。それが伝わっていなかったことは非常に申し訳ないと思う」今さらそんなことを言われても、山下の言葉を信じた人たちの被ばくの事実を消すことはできません。

後日談ですが、チェルノブイリ原発事故のIAEA調査について、当時WHO事務局長であった中嶋宏さんは、スイスのテレビ番組で「核問題に関してWHOはIAEAに従属する」と言っています。2001年、キエフで行われた会議で欧州放射線リスク委員会（ECRR）のクリス・バズビーさんは低線量被曝の問題を取り上げました。この時、中嶋さんはバズビーさんの提言を勧告に取り入れるように言及しましたが、却下されました。ネステレンコさんやバンダジェフスキーさん他、一般の国民の健康を守ろうとした医学者や科学者たちは迫害され、誹謗中傷され、逮捕されました。そして、核災害の被害を矮小化する医学者が政府の幹部となっていきました。真実と科学も原子力帝国の犠牲になりました。「従属する」という言葉でWHOとIAEAの関係を表現した中嶋さんの心中はいかばかりだったでしょうか。

## イラク戦争の引き金となったIAEA中間報告書

2005年にノーベル平和賞を受賞したことで、とてもよいイメージを持たれているIAEAですが、この一件こそIAEAとノーベル平和賞の本質を表しています。

イラク戦争開戦の経緯を振り返ります。2001年、9・11アメリカ同時多発テロ事件が起こり、アメリカは報復としてアフガニスタンに攻め込み「不朽の自由作戦」を始めます。このころからアメリカ政府内でイラクに対する強硬な言動が増加し、２００２年の一般教書演説で、イラク、イラン、北朝鮮を悪の枢軸と非難します。

フセイン政権と対立していたイスラエルの「イラクが大量破壊兵器を保有している」という訴えを受けて、２００２年11月、国連安全保障理事会はイラクに対して大量破壊兵器の全面査察をおこなうことを決議します。

２００３年1月、国際連合監視検証査察委員会（ＵＮＭＯＶＩＣ）のハンス・ブリックスとＩＡＥＡのモハメド・エルバラダイが査察を行います。ブリックスは１９８１～１９９７年まで、そしてエルバラダイは１９９７～２００９年までＩＡＥＡの事務局長を務めています。つまり、イラクの大量破壊兵器を査察したのはどちらもＩＡＥＡのトップでした。

「大量破壊兵器の証拠は発見できなかったが、イラクの報告には矛盾点がある」という調査結果の中間報告を受けて、アメリカやイギリスのメディアはイラクに大量破壊兵器があると騒ぎ立てて開戦を煽ります。フランス、中国、ロシアの反対を押し切る形で、アメリカ・イギリスを中心として２００３年３月、イラク戦争が始まりました。年内には大規模戦闘が終結し、大量破壊兵器の捜索が始まりましたが発見されず、２００４年10月、アメリカは大量破壊兵器がなかったことを認める最終報告書を提出しました。

イラクを攻撃することはもう決まっていた、のでしょう。それゆえ、IAEAのイラクの疑惑をほのめかす査察報告提出は、ガスが充満した部屋に火のついたマッチを投げ入れるに等しい結果をもたらしました。ところが2005年、IAEAはノーベル平和賞を受賞します。受賞の理由は「原子力が軍事目的に利用されることを防止し、平和目的のための原子力が可能な限り安全な方法で利用されることを確保するために努力を払った」からです。しかし、アメリカ自身が公式に認めているように、イラクには核兵器を含む大量破壊兵器はなかったのです。IAEAを擁護するために授与されたのがよりによってノーベル平和賞であるというのは、私には悪い冗談にしか思えません。しかし、これが現実の政治体制なのです。

## ■日本の核はアメリカの国益の下にある

日本も、原子力帝国の支配でがんじがらめになっています。福島第一原発事故後は一層あからさまに表れています。日本の官僚は、SPEEDI（緊急時迅速放射能影響予測ネットワークシステム）による放射能拡散予測を、菅直人首相をはじめとする官邸には伝えなかったのに、アメリカ軍には伝えていました。

また、官邸前デモやさようなら原発10万人集会、パブリックコメントなどで反原発の機運が高まり、民主党・野田政権は及び腰ながら、２０１２年9月14日に「２０３０年代に脱原発依存」という原子力政策における方針転換を表明しました。ところが、米国家安全保障会議（ＮＳＣ）のマイケル・フロマン補佐官が懸念を表明し、結果、野田政権は脱原発方針の閣議決定を見送りました。この時、アメリカは「日本の核技術の衰退は、米国の原子力産業にも悪影響を与える」「原発がゼロになるなら、プルトニウムが日本国内に蓄積され、軍事転用が可能な状況を生んでしまう」などと述べ、これらは「アメリカの国益」に反すると強調しています。原子力帝国の一翼を担う日本が原発を止めるなんて言語道断というわけです。

■参考文献

※ロベルト・ユンク著、山口祐弘訳、『原子力帝国』現代教養文庫　１９８９年社会思想社
※中川保雄『増補 放射線被曝の歴史―アメリカ原爆開発から福島原発事故まで―』明石書店　２０１１年10月
※大石又七『これだけは伝えておきたいビキニ事件の表と裏―第五福竜丸・乗組員が語る』かもがわ出版　２００７年７月
※ハワード・Ｌ・ローゼンバーク『アトミック・ソルジャー』社会思想社　１９８２年８月
※アルバカーキ・トリビューン『マンハッタン計画 プルトニウム人体実験』小学館　１９９４年11月
※アイリーン・ウェルサム、渡辺 正訳『プルトニウムファイル いま明かされる放射能人体実験の全貌』翔泳社　２０１３年１月
※椎名麻紗枝『原爆犯罪―被爆者はなぜ放置されたか』大月書店　１９８５年10月
※肥田舜太郎、鎌仲ひとみ『内部被曝の脅威』ちくま新書　２００５年６月
※広河隆一『チェルノブイリから広島へ』岩波ジュニア新書、岩波書店　１９９５年３月
※アーニー・ジェイコブセン著『エリア51 世界でもっとも有名な秘密基地の真実』太田出版　２０１２年４月

※アーネスト・J・スターングラス、肥田舜太郎『死にすぎた赤ん坊―低レベル放射線の恐怖』時事通信社　１９７８年8月
※ラルフ・グロイブ、アーネスト・スターングラス著、肥田舜太郎、竹野内真理訳『人間と環境への低レベル放射能の脅威―福島原発放射能汚染を考えるために』あけび書房　２０１１年7月
※ジェイ・マーティン グールド著、肥田舜太郎、齋藤紀、戸田清、竹野内真理訳『低線量内部被曝の脅威―原子炉周辺の健康破壊と疫学的立証の記録』緑風出版　２０１１年4月
※有馬哲夫『原発・正力・ＣＩＡ―機密文書で読む昭和裏面史』新潮新書、新潮社　２００８年2月
※貞森直樹「原爆による遺伝的影響 Genetic Effects of the Atomic Bombs」『日本遺伝カウンセリング学会誌』23（1）：50―50，２００２．
※ジョンＷ・ゴフマン著、今中哲二、小出裕章、伊藤昭好、海老沢徹、川野真治訳『新装版 人間と放射線―医療用Ｘ線から原発まで―』明石書店　２０１１年8月
※ミシェル・フェルネクス、ソランジュ・フェルネクス、ロザリー・バーテル著、竹内雅文訳『終りのない惨劇』緑風出版２０１２年3月
※クリス・バズビー著、飯塚真紀子訳『封印された「放射能」の恐怖 フクシマ事故で何人がガンになるのか』講談社２０１２年7月

※アレクセイ・V・ヤブロコフ、ヴァシリー・B・ネステレンコ、アレクセイ・V・ネステレンコ、ナタリヤ・E・プレオブラジェンスカヤ著、星川淳、チェルノブイリ被害実態レポート翻訳チーム訳『調査報告 チェルノブイリ被害の全貌』岩波書店２０１３年４月
※ユーリ・バンダジェフスキー『放射性セシウムが人体に与える医学的生物学的影響:チェルノブイリ・原発事故被曝の病理データ』合同出版２０１１年12月
※福島原発事故独立検証委員会『福島原発事故独立検証委員会 調査・検証報告書』ディスカヴァー・トゥエンティワン２０１２年３月
※大鹿靖明『メルトダウン ドキュメント福島第一原発事故』講談社２０１２年１月
※「原発ゼロ『変更余地残せ』閣議決定回避米が要求」東京新聞、２０１２年９月22日
※「子供の小児甲状腺がんが50人に増える」ＴＢＳニュース２０１４年５月19日

# 第9章　戦争状態からの出発

## ■戦争準備を進める安倍政権

人類の歴史のなかで、戦争がなかった期間は非常に短いとよく言われます。今の日本の平和は、人類の歴史のなかの奇跡の一瞬です。しかし、安倍首相は自民党の改憲案で憲法九条を変更して自衛隊を国防軍にすることを掲げ、憲法改正まで待てないとばかりに憲法解釈の変更による集団的自衛権の行使容認を打ち出しています。

自民党の石破茂幹事長は、国防軍に「審判所」という現行憲法では禁じられている非公開の軍事法廷を設置することに強い意気込みを見せています。「隊員が上官の命令に従わない場合は死刑、または懲役300年という重罰を課す」とテレビ番組で語っています。

2013年7月に防衛省が発表した防衛計画大綱の中間報告では、敵基地攻撃を視野に入れ、無人偵察機の導入検討、水陸両用の海兵隊的機能の整備が挙げられました。武器輸出三原則の見直しが閣議決定され、戦前の治安維持法にも似た特定秘密保護法案が成立しました。各地で行われる自衛隊パレードは、従来の音楽隊によるものではなく、小銃を手にした隊員の後を装甲車が続くものに変わりました。

子どもを持つ親としてはとても聞き過ごせない話が、あたかも既成事実のようにマスコミで流れ、人々がその空気にゆっくりと慣らされていることに不安を感じます。多くの人が日本は再び戦争への道を歩み始めたように感じています。

9・11がアメリカを戦争に傾けたように、3・11の東日本大震災とそれに続く福島第一原発事故は、日本のありようを決定的に変えてしまいました。政府・官僚・政治家・大手メディア・科学者は情報を隠蔽し、市民に牙をむきました。「官邸前デモ」や「さようなら原発10万人集会」、パブリックコメントなどで反原発の機運が高まり、民主党・野田政権も弱腰ながら、「2030年代に脱原発依存」という方針転換を表明しました。しかし、2012年12月6日の衆議院選挙では自民党が大勝し、自民党政権は再度エネルギー政策を転換し、原発推進を決定します。2013年7月28日に行われた参議院選挙でも自民党政権は大勝し、憲法改正の可能性が現実味を帯び、政府の右傾化とともに、近隣諸国との緊張がかつてないほど高まっています。

「歴史は繰り返す」と言いますが、2011年の東日本大震災から2年後の2013年特定秘密保護法案成立という流れは、1923年の関東大震災から1925年の治安維持法成立という流れにそっくりで不気味です。治安維持法成立の6年後には満州事変が起こり、日本は十五年戦争の泥沼に入っていきます。現在の東アジアの不安定さを考えると、不安を感じずにはいられません。

世界的にも閉塞感が漂っています。２００９年にアメリカ民主党のオバマ大統領が就任した時は、「これで世界は良い方向に変わる」という期待が膨らみました。チュニジアのジャスミン革命から始まった「アラブの春」は、エジプトでは30年に及ぶムバラク大統領の独裁政権にも終止符を打ちました。この時、ツイッター、フェイスブックなどで抗議活動に関する情報が伝えられ、インターネット・テクノロジーが世界を変える原動力になると見られていました。

しかし、オバマ大統領はイラク戦争には終結宣言をしたものの、対テロ戦争と称してアフガニスタンやパキスタンで無人機によるミサイル攻撃を続け、冷酷さを増しています。アラブの春に危機感を抱いた中東諸国の政府は、軍を使って自国民に猛攻撃をかけました。シリアは内戦に陥り、エジプトでは軍によるクーデターでホワイト革命によって成立した政権が崩壊しました。その後の軍政では、原子力帝国の総元締め、ＩＡＥＡの元事務局長だったモハメド・エルバラダイが副大統領に就任しました。インターネットにおいても、ＩＴ企業が協力する形でアメリカ政府によって監視されていることがスノーデンさんの告発で明らかになりました。

## ■知ることが変化への第一歩

自由と平和のなかで人間らしく生きたいと思っている人々にとって、息が詰まるような状況が世界各地で起こっています。この閉塞感はどうしたら打ち破れるのでしょうか。私は、「知ること」が大きなカギになると思います。

東洋医学には、「名医は未病を治す」という言葉があります。未病、すなわち病気になる前に対応するということですが、残念ながら、今の日本は未病の段階をすでに超えています。さらに悪いことに、病気になるのは確実なのに、まだその自覚がないのです。例えるなら、病院の検査で胃に腫瘍が見つかったとします。医師に「今後は食生活に気を配り、適度な運動をして、働き過ぎでストレスをためないように」と言われているのに、「大丈夫、大丈夫」とこれまで通り深夜まで残業を重ねて、同僚と飲み歩く生活を続けているようなものです。これでは、病気を育てているも同じです。外科手術で腫瘍を一時的に取り去ったとしても、それを作るような生活を繰り返していれば完治は見込めません。本当に治そうと思うなら、患者さん自身が深刻な病気になる一歩手前であることを自覚し、生活を見なおしていくしかないのです。

そして、自分が深刻な状況にあることを自覚するには、本当のことを知るしかないのです。仕事から疲れて帰ってきて、気の滅入るような話を聞きたくないという気持ちはわかります。おもしろおかしい話でのんびりしたい、自分たちは大丈夫だ、正しい、優れていると思いたい気持ちはわかります。しかし、私たちが騙されてしまうのは、自分たちは大丈夫だと思いたい願望があるからです。よく見ればおかしいところはたくさんあるのに、自分たちは大丈夫だという願望が、ささやかなシグナルから目を逸らさせるのです。それを利用されているのに気づかない、騙されている方にも非があります。

私たちは、少年兵のことも、ドローンが民間人を誤爆していることも、アメリカで多くの帰還兵がホームレスになっていることも、監視システムのことも知っています。それでもまだ「大丈夫、大丈夫」と言って、これまでと同じ生活を続けようとしているのです。これではみすみす病気になるのを見逃しているのと同じです。今、自分たちがどのような状況に置かれているのか自覚しない限り、自身の行動を変えることはできません。私がこの本を書くために調べたことの一つ一つが本当に恐ろしいものでした。私は一人でも多くの人に知ってほしいのです。そして、今の日本人がどれほど恵まれた立場にいるのか、失う前に知ってほしいのです。それが、門外漢の私がこの本を書きたいと思った理由です。

正しい情報は水や食べ物と同じくらい、私たちが生きていくうえで不可欠なものです。手に入れやすいからと言ってテレビや新聞ばかりあてにしていたら、手軽だからと言って冷凍食品や添加物まみれの加工食を食べているのと同じことです。良い情報を得ようと思ったら、自分の嗅覚を頼りに自分で探しに行かないといけません。本来なら、それをしてくれるのがメディアのはずですが、そうでないことを嘆いても仕方がありません。

私自身、少し前までは軍事のことなど何も知りませんでした。しかし、徴兵制がある社会ではどんな弊害があるのか、原子力帝国に牛耳られる社会はどうなっていくのかを知った後では、一見関係がなさそうな個々のニュースが大きくつながっているのがわかります。社会がどう動いているのかを、これまでとは違った視点で見ることができます。

そして、少年兵のことを知れば、こんなことを続けていたらもう絶対にいつか必ずツケを払わなければいけないと確信します。食料を争って戦争になるのならまだしも、ダイヤやチョコレート、麻薬、そんなもののために多くの子どもたちや一般の人が恐怖の底に閉じ込められているのです。先進国のぜいたくのために殺し合いが行われるなんて、絶対に許されないことです。

原発だってそうです。「電気代が高くなる」から原発を続ける、ここでも命よりカネの話です。でも、こんなことは長くは続きません。外科手術で病巣をぱっと取り除いただけでは問題は解決しないのです。敵の本拠地を全滅させたところで、また次の敵がもっと大きな勢力で、もっと残酷になって現れます。事象に振り回されるのではなく、それを作り出す環境を変えなければ問題は解決しないのです。

## ■英雄を支えた普通の人々

私が専門とする東洋医学では、症例を重視します。患者さんは一人ひとり状態が違い、肩こり一つとっても「正解の治療法」はありません。臨床では、正直、「治療が難しい」と思う患者さんがたくさんおられます。ただ、東洋医学には「正解の治療法」がないからこそ、どんなに重

ネルソン・マンデラ
South Africa The Good News / www.
sagoodnews.co.za, 13 May 2008

病であっても、一例でもその病気が治った、という症例があれば、私はそれを灯台の明かりとして、鍼灸、漢方、食事療法、按摩、どんな方法でも試して少しでも患者さんの状態改善に努めることができるのです。

世界には、信じられないような偉業を成し遂げた人が多くいます。ネルソン・マンデラは、反アパルトヘイト運動に取り組んだかどで、国家反逆罪で終身刑となり44歳から71歳までを獄中で過ごしました。それでも釈放後、マンデラは白人たちを許し、アパルトヘイト撤廃への道筋をつけました。

マハトマ・ガンジーは、当時の世界人口の4分の1を占め、世界最強の軍事を誇るイギリスからのインド独立に40年以上にわたる生涯を捧げました。

マーティン・ルーサー・キングは、公共施設や交通において人種によってその使用が分けられ、黒人が白人から死に至るほどの暴行を受けていたころに黒人差別撤廃運動をおしすすめました。１９６４年、人種差別に終わりを告げる公民権法が制定され、アメリカにおける人種偏見を終わらせるための非暴力抵抗運動を理由にノーベル平和賞を受賞しました。

ボクシングのヘビー級チャンピオンであるモハメド・アリは、アメリカ陸軍の入隊命令に対して「良心に照らして、自分の信じる宗教の教えに背くことはできない」と良心的徴兵忌避を主張したところ、懲役5年、罰金1万ドルを課せられました。さらにはボクシング協会によってヘビー級タイトルとボクサーラインセンスを剥奪され、アリはボクサーとしての最盛期を失いました。パスポートも取り上げられ、海外への渡航も不可能になりました。

モハメド・アリ
photo by Ira Rosenberg, 1967

彼らが戦った敵の強大さを考えれば、どれも無謀な試みとしか思えません。しかし、アリはマンデラについてこう語っています。「今日から100年経ったとき、誰かが彼の名を口にするだろう。そして、この世界のどこかで少年が、マンデラという男が生きた『生き様』に胸を打たれ、その足跡をたどるように、また偉業を成し遂げることであろう。ミスター・マンデラが私たちに遺してくれた最大の『遺産』とはこれだ。我々の進むべき道を幾年も幾年も照らし続けてくれる一筋の光。ひとりの人間が来る未来に遺すことのできる『遺産』として、この光ほど尊いものは存在しうるだろうか」

彼らは間違いなく英雄です。しかし、多くの名もなき人たちが彼らを支え続けなければ、実現しなかったのではないかと思います。「涓滴岩を穿つ」という言葉があります。水のしずくも、絶えず落ちていれば岩に穴をあけるという意味です。岩に穴をあけたのはマンデラであり、ガンジーであったかもしれません。しかし、それまでに数えきれないほどの水滴が岩に落ちていなければ、たとえ彼らであっても岩を穿つことはできなかったのではないでしょうか。私たちの小さな働きかけがきっと大きな波となります。勇気は伝染します。ことの大きさに驚き、何かしようと思っても己の小ささにただ虚しくなるばかりで、こんなことをしていても結局なににもならないとしか思えない時もあります。でも、そんな時にこそマンデラやキングの足跡は平和を願う人たちにとって一条の光になります。

## ■新自由主義に背を向ける中南米諸国

現状は、第二次世界大戦の戦勝国で核を保有する国連常任理事国、アメリカ・ロシア・

中国・イギリス・フランスが圧倒的な力を持ちます。この核兵器による支配体制が続く限り、原子力発電についての情報や放射能による汚染、健康被害情報は隠蔽されます。世界中で行われているさまざまな抗議運動も、政府側が意図的に大メディアを利用した情報操作で「テロ」と認定されたら、徹底的に監視され、弾圧されます。これが9・11や3・11後の西側世界です。

しかし、世界にはそれとは別の流れというのも確実に存在します。一つは、中南米諸国のアメリカ離れです。

現在の西側世界は、新自由主義といわれる経済思想が支配的です。これは、価格統制の廃止、資本市場の規制緩和、貿易障壁の縮小、民営化推進など、政府による個人や市場への介入は最低限とすべきとする考え方です。

これに対して、1999年にベネズエラで反米・反自由主義のウゴ・チャベスが大統領に就任したのを皮切りに、中南米ではブラジル、アルゼンチン、ウルグアイ、ボリビア、エクアドルと、次々と反自由主義を掲げた政権が誕生しました。理由は、中南米が1980年代に累積債務危機に陥っていた際、シカゴ学派の新自由主義を提唱する経済学者たちの政策を採用しましたが、そのせいで貧富の差が増大したからです。中南米の人々は新自由主義による悲劇的な結果を必死に克服しようとしています。なのに今、日本は環太平洋戦略的経済連携協定（ＴＰＰ）をはじめとして、新自由主義にのみこまれつつあります。

農林中金総合研究所の清水徹朗さんは、なぜアメリカがＴＰＰを強く推し進めるのか、ということについて大変興味深い分析をしています。アメリカはもともと、カナダ、メキシコと締結した北米自由貿易協定ＮＡＦＴＡを元に「米州自由貿易地域（ＦＴＡＡ）」という中南米全体を包摂する構想を持っていました。しかし、中南米諸国が新自由主義を採用した結果、経済格差が拡がり、社会は大変不安定になりました。１９９０年から２０００年代にかけて、中南米に反米・反自由主義政権が拡がったため、ＦＴＡＡは空中分解しました。そこでアメリカは親米的な国、または同盟国に対してＴＰＰを打ち出し、これを足掛かりにして中国や中南米への市場拡大を目論んでいます。

新自由主義、と言えば聞こえはいいですが、平たく言えば企業優先の政策で、新自由主義が国民の生活を破壊することは、中南米を見れば明らかです。なのに、安倍政権は選挙前は「ＴＰＰ断固反対」と言っていたのをあっさり反故にしてＴＰＰ加盟に固執し、中南米諸国と同じ轍を踏もうとしているのです。おそらく、安倍政権は金持ちがもっと金持ちになることには関心があっても、国土を保全し、国民の生活を守るということには全く関心がないのでしょう。ここでも命よりカネが優先されています。

清水さんは賢明にもこう述べています。「中南米諸国は中国、インド、アフリカとの関係を深めてきており、米国との関係も、これまでの従属的立場から対等に協議・交渉できる関係に再構築しようとしてきている。日本も戦後の日米安全保障体制を当然視するのではなく、もう一度日米関係を根本から再検討・再構築する時期に来ていると言えよう」

エドワード・スノーデンさんがアメリカの世界的な監視体制を告発した時、報復を口にするアメリカに屈さずにスノーデンさんの亡命受け入れを表明したのも中南米諸国でした。この時、ブラジルのルセフ大統領は、NSAの監視に怒りを表明し、ロシア・中国・インド・南アフリカなどBRICSを中心とした独自のネットワークを構築することさえ提案しています。世界史的に見れば、中南米で生まれている反・自由主義の流れと反監視の流れ、そしてBRICS諸国の経済的隆盛は、未来に向けて大きな意味を持つと思われます。

## ■一般の人たちの意識の高まり

人々の意識も変わり始めています。サッカー王国であるブラジルで、ワールドカップよりも教育が大事だと訴えるデモが続いています。競技場建設の代わりにインフラや教育、福祉の改善を求めて、全国で１００万人以上がデモに参加しています。

日本はどうでしょうか。福島第一原発事故以降、脱原発の世論に押されて消極的とはいえ一度は脱原発の方向に舵が切られましたが、自民党への政権交代と２０１３年７月の参議院選挙で、より強いゆり戻しがありました。放射能による健康被害は隠蔽され、改憲の可能性が現実味を帯び、近隣諸国との関係は悪化、秘密保護法が成立し、武器輸出が認められ、メディアは政府と企業に都合のいいメッセージを垂れ流し、それに煽られて人々が右傾化しています。戦争に向けての悪材料にはこと欠きません。日本は戦争への道をひた走っているように感じます。

しかし、東洋では「陰が極まれば陽が生じ、陽が極まれば陰が生じる」という考え方があります。太陽は南中すれば下り始めますし、月は満ちれば欠けます。栄光の絶頂は転落の始まりであり、困窮のどん底こそが復活のきっかけとなります。

現状の日本は陰が極まったように見えますが、生まれつつある陽の要素が確かに見られます。脱原発や反秘密保護法を訴えるデモにベビーカーと一緒にお母さんたちが集まり、会社帰りに参加する人たちがいます。２０１３年7月の参議院選挙で選挙フェスを企画したある候補者を見て、高校生たちが「選挙ってカッコよくね?」と口にしています。1円にもならないのに、大切な情報をまとめてネットで配信し続けている人たちがいます。再生エネルギーの開発に尽力する人たちがいます。一般の人たちの意識の高まりは、きっと次の時代の萌芽となります。

## ■戦争をするのはカネのため

そもそも、戦争は何のためにするのでしょうか。「未開の土地に文明をもたらすため」、「欧米諸国の植民地支配から東・東南アジアを解放するため」、「独裁国家に民主主義を導入するため」これまでいろんなもっともらしいことが語られてきましたが、結局のところはカネです。帝国主義、植民地主義、原子力帝国の支配、少年兵を使う政府軍や民間軍、どれも動機はカネです。実際に戦争を起こしているのは、自分たちが儲かるためには、人が何十万人死のうが、何百万人死のうが、平気な人たちです。正義の戦争なんてないのです。アメリカ海兵隊で二度も叙勲の栄誉を受け、「米国海兵隊の英雄」と讃えられる人物でありながら、スメドリー・バトラー将軍は、資本家の利益のために軍が利用され、侵略を繰り返してきたこと、戦争がいかに資本家にとって儲かる商売であるかということを伝えています。そして「私は（海兵隊に）33年間もいたが、その大半は大企業、ウォール街、銀行の高級用心棒」であり、「資本主義のためのゆすり屋であった」と述べています。

## ■戦争になったら起こることを自分の身に置き換えて想像してみる

第二次世界大戦後も世界では戦争が繰り返されています。朝鮮戦争やベトナム戦争時、日本は基地として戦争の当事者でした。湾岸戦争、イラク戦争、アフガン戦争にも日本は関わってきました。日本も世界もけっして平和ではなかったのです。日本に戦火が及ばないことを幸いに、できるだけ見ないフリをしていただけです。福島第一原発事故以降、日本は急速に戦争に近づき、平和と人権をめぐる状況は危機的状況にあります。もはや、戦争と平和の問題を避けることはできません。

その時、戦争で儲ける会社の社長が考えることは、どうすれば一番多く儲けることができるかでしょう。政治家や官僚が考えることは「国益」のために、どう国民をコマとして扱うかということでしょう。でも、彼らが前線に立つことはないのです。だから、平気で戦争をしようと言えるのです。戦争で真っ先に使い捨てられる私たち一般人がまず考えなければいけないことは、家族の生活であり、自分たちの命と健康です。そして、戦争になったらどういうことが起きて、自分にそれらが起こることを想像することです。

私は戦争を知りません。それでも戦争の生き証人たちの証言が綴られた『人を殺して死ねよとは』(本の泉社)を読んだ時、こんなことは絶対に起こってはいけないという気持ちが、頭ではなく、もっとずっと深い所で湧き起りました。

戦争時、一般庶民は使い捨てのコマでしかありません。兵士たちが飢えている時に、上層階級や軍の将官たちはワインや豪華な食事を楽しんでいました。沖縄では、日本軍が洞窟からそこに隠れていた人々を追い出し、自分たちがかわりに隠れました。硫黄島では、味方の兵士同士で水や食料を奪い合い、殺し合いました。女性や子どもは真っ先に暴力にさらされます。読み続けることすら本当につらい話ばかりです。この1冊だけでも読めば、まともな神経を持った人であれば、どれほどの美辞麗句で飾り立てられていても、戦争は異常でおぞましいものであるということがわかります。国も軍も人々を守らないということがわかります。

以前、美輪明宏さんがこう言っていました。「私がどれだけ悲劇を見てきたか。汽車のデッキに立って出征しようとしている兵隊さんを、『死ぬなよー、帰ってこいよー』としがみついて見送る母親が、憲兵に引きずり倒され、ぶん殴られて、鉄の柱に頭をぶつけて血を流している。それを死地に赴くために出征しながら見ている子どもの気持ち、どんなだったろうかと思います。戦時中は、そんなことばかりでした。またそれが始まろうとしているのです。それが戦争です」

私たちは太平洋戦争で本当に起こったことを知らなければなりません。沖縄戦、広島・長崎の被爆者、空襲で犠牲となった人々、遠い戦場で死んでいった兵士たち、戦時中の抑圧された生活、日本の犠牲となった国々の人々の声を聞かなければなりません。なぜなら、それらこそが、私たちに起こることだからです。それなのに、戦争の犠牲になった人々がこの世を去るにつれて、日本に再び戦争を美化する空気が広まっています。そして、実際に戦場に送られる普通の人々は、自分たちがかつての日本軍兵士のような状況に陥るということを少しも想像せず、むしろ喜々として戦争を仕掛ける側に盲従しています。

戦争が起きてからでは遅いのです。ハリウッド映画のようにヒーローが悪者をやっつけてくれることはありません。今起こっていることは必ず自分に巡ってきます。問題のあまりの大きさに、自分には何もできないと思うこともあります。でも、平和は何もしなくても手に入るものではありません。一人ひとりが関心を持ち続けるだけで、世界は少しずつ変わります。一人ひとりが毎日を丁寧に生き、命と健康を大切に思うだけで、世界は少しずつ変わります。この危機的状況において、それでも日本人が平和を選択してはじめて、日本人は前の戦争を乗り越えることができるのだと思います。より良き世界を子どもたちが手にすることができますように、と心から願います。

■参考文献

※「隊員が上官の命令に従わない場合は死刑、または懲役300年という重罰を課す、とテレビ番組内での発言」『週刊BS—TBS報道部』2013年4月21日
※「敵基地攻撃能力を視野 防衛大綱中間報告」『産経新聞』2013年7月26日
※モハメド・アリ『マンデラに捧ぐ』ハフィントンポスト2013年12月26日
※清水徹朗「中南米で広がった反自由主義政権—米国のTPP推進戦略の背後にあるもの」『農林金融』2013年7月号
※「米とベトナム 原子力協定に署名」NHKニュース、2013年10月10日
※「『ワールドカップはいらない』先鋭化するブラジルの抗議デモ、主催者たちの実態」、ハフィントンポスト、2013年5月15日
※吉田健正『戦争はペテンだ—バトラー将軍にみる沖縄と日米地位協定』七つ森書館 2005年4月
※不戦兵士・市民の会著・監修『人を殺して死ねよとは—元兵士たちが語りつぐ軍隊・戦争の真実』本の泉社2011年8月

※著者略歴

**早川　敏弘**（はやかわ　としひろ）

1970年三重県生まれ。

関西学院大学社会学部マスコミニケーション専攻、1994年卒業。

鍼灸師、あん摩マッサージ指圧師。

介護支援専門員（ケアマネージャー）。

現在、専門学校講師。

2009年4月より2014年6月まで毎日新聞『ほっと兵庫』にて「暮らしの漢方」連載ほか東洋医学に関する講演、論文執筆多数。

# 平和《へいわ》のための軍事入門《ぐんじにゅうもん》

2014年8月15日　初版　第1刷　発行

著　者　早川《はやかわ》　敏弘《としひろ》
発行者　比留川　洋
発行所　株式会社　本の泉社
〒113-0033　東京都文京区本郷2-25-6
電話 03-5800-8494　FAX 03-5800-5353
http://www.honnoizumi.co.jp/
印刷　亜細亜印刷　株式会社
製本　株式会社　村上製本所


ISBN978-4-7807-1170-7　C0031